事例で学ぶ 人を扱う 工学研究の倫理

著者：福住 伸一・西山 敏樹・梶谷 勇・北村 尊義

序文

パソコンやスマートフォンを使ったときに、なんとなく「使いやすい」あるいは「使いにくい」と感じることは、誰もが経験したことがあるかと思う。はさみのようなシンプルな道具から、自動車のハンドルやレバー、あるいはスマートフォンの操作画面のようなものまで、人が扱う「モノ」や「コト」と「人」との関係は日常の様々な場面に存在しており、我々の生活の中で避けることができないものである。

「人」と「モノ」「コト」との関係は、ソフトウェアを含む産業製品やサービスの分野では重視されるようになってきており、意匠デザイン、人間工学、ヒューマンインタフェース等の専門家が開発に関わることで、使いやすい製品がつくられる。その開発のプロセスの中では、使う立場の「人」が何らかの形でテストや評価に参加し、その製品の使いやすさや品質、安全性などについての新たな知見を得る活動を行う。

このような新たな知見を得る活動には「研究」と呼ぶべき要素があり、特に人を対象として扱う研究活動においては、対象者に与える影響について注意しながら実施する必要がある（人権、ハラスメント等）。このことについては、従来あまり問題視されてこなかった。ところが近年、人を扱う研究に限らず、研究に対する不正事案が注目を集めたことにより、研究活動全体に対する世間からの信頼回復が強く求められるようになってきた。その結果、研究の倫理面（研究倫理）に対する社会的要請にこたえるために、人を対象とする研究に関する法規制類が、特に医学系を中心に急速に整備されつつある。その反面、同じく人を扱う研究の中でも、工学系や心理学系などの非医学系の関連領域においては混乱が生じてきている。

本書は、「人」と「モノ」が関わる研究開発や製品開発に既に携わっている人だけでなく、これから関連する研究を始める大学生や大学院生に読んでもらうことにより、このような状況の中であっても混乱に巻き込まれずに製品を開発・評価する研究活動を実施し、よりよい製品開発に貢献いただくことを期待している。

著者らが関わる学会では、人を対象とする研究倫理に関する実態調査を行い、その結果、いくつかの課題が明らかになった [1-3]。人を対象として扱う研究の実施においては事前に研究計画を作成し、計画の倫理面、安全性や科学性を第三者に確認してもらうことによって、研究結果の信頼性を担保することが一般的になっているが、その確認体制が整備されていない組織等が多いことや、第三者確認の必要性が十分に理解されていない、あるいは必要性を理解していても回避したいと考える人が一定数いることなどである。これらの要因は、研究倫理に対する理解が不十分であることであると考えられる。

本書では、人を扱う工学系研究における課題について、例を多く用いて解説する。第1章では、人を扱う研究・開発・実務倫理の一般的な内容と、それらを人を扱う工学系研究領域へ適用する際の考え方、また、研究者や実務者の人を扱う研究倫理に対する意識について紹介する。第2章では、人を扱う工学系研究領域における一般的な倫理事項と、データ収集を行う際に考慮すべき事項および事例、さらに研究開発現場で生じる倫理的課題について、具体例とともに対応を解説する。第3章では、人を扱う研究・開発・実務倫理にとって非常に重要な第三者審査である「倫理審査」について、実務者、管理者、経営者の立場を解説する。第4章では、新型コロナウィルスCovid-19をきっかけに変化した、人を扱う工学系研究領域での新たな研究スタイルに対する研究倫理のポイント、について述べる。全体としては、当該分野の初学者でも研究倫理のポイントを抑えやすい書として構成している。

人を扱う研究・開発・実務倫理はまだまだ過渡期であるため、変化も激しく、本書だけでは十分ではないかもしれない。ただ、人を扱う工学系研究領域で活動されている研究者、開発者、実務者はもちろん、これからこのような領域に進まれる可能性がある学生の方々にとっても人を扱う倫理とはどのようなことであるのかの理解の助けになれば幸いである。

本書の著者はそれぞれ、都市工学/ユニバーサルデザイン、ロボットインタラクション、知識情報処理、人間中心設計、といったさまざまな視点で人を扱う研究に取り組んでいる研究者である。しかしながら、この4名だけですべてを網羅し、解説できるほど本書のテーマは簡単ではない。そのため、執筆にあたり、多くの方のご協力・ご助言をいただいた。特に特定非営利活動法人ヒューマンインタフェース学会の研究倫理ワーキンググループの方々とは、長い時間をかけて様々な観点から課題を取り上げ、議論を重ね、事例作成にもご協力いただいた。その中で、日本女子大学 横井孝志教授には、人を扱う研究倫理の重要性についてご説明いただき、ワーキンググループ設立に向けてご指導いただいた。本書の事例の中で、文章だけではイメージしづらいことについてはイラストを用いて説明している。香川大学の横田一晟さんにはイラストを作成していただいた。
人を扱う研究倫理に以前から高い意識を持って取り組んでおり、第一人者でもある大阪工業大学の大須賀美恵子教授には、繰り返しの議論を通じて多大なるご支援をいただいた。また、産業医科大学の榎原毅教授、日本大学生産工学部の石橋基範教授にも同様に多くの貴重なご意見をいただいた。ここに謝意を示します。
最後になりますが、本書作成に当たり、多くのご助言をいただき、ご尽力いただいた石井沙知さまをはじめとする株式会社近代科学社デジタルファースト編集部の皆様に深く御礼申し上げます。

2023年1月
著者一同

参考文献

[1] 大須賀美恵子：ヒトを対象とした実験における倫理的問題,『自動車技術』, Vol.63, No.12, pp.92-94, 2009.

[2] 西山敏樹：この研究に倫理審査は要りますか?(Case2) 人を対象とする研究の倫理的問題に関する意識調査,『ヒューマンインタフェース学会誌』, Vol.22, No.3, pp.22-25, 2020.

[3] 西山敏樹：この研究に倫理審査は要りますか?(Case3) 人を対象とする研究の倫理的問題に関する意識調査 (2),『ヒューマンインタフェース学会誌』, Vol.22, No.4, pp.26-29, 2020.

目次

第3章　人を扱う研究倫理に関する取り組み

第4章　これからの研究倫理

付録

第1章

人を扱う研究・開発・実務と倫理

本章では、まず初めに「人を扱う研究倫理」の歴史的背景や現在の倫理指針などを説明し、その後、その指針の工学系研究への適用やその領域へ浸透させるための課題について述べる。

1.1　人を扱う研究・開発・実務とは？

近年、世間を騒がせる大きな研究不正問題が発覚することもあり、様々な研究領域で、研究不正の問題が指摘されるようになってきている[1]。この指摘の中では、研究不正を「ねつ造、改ざん」「盗用」「二重投稿」「不適切なオーサーシップ」「臨床研究（人間を対象）の手続き違反」「業績のねつ造や水増し」「コンプライアンス違反」に分類している。これらはいずれも、研究領域にかかわらず、研究開発の信頼性を揺るがす重大な問題である。言葉のとおり不正（正しくない）であり、法的に問題がある行動である。

では、不正ではなく、法的に問題がなければ何をしてもよいのであろうか？ ここに「倫理」が取り上げられる。倫理とは、「個人・社会がそれを尊重し、自分が守ると同時に他人にも同じように守ることを期待する規則・ルール」である[2]。平たく言うと、「自分がされて嫌なことは他人にもしない」ということで、当然、研究を行う人間である研究者にも求められる。

冒頭に示したとおり、研究不正の中には「臨床研究（人間を対象）の手続き違反」が含まれる。臨床研究に限らず「人を対象とした研究」では、研究を実行する側だけではなく、研究開発のための実験や評価に参加する対象者にも不利益が生じることがあるため、特に倫理的な課題が顕著となりやすい。しかし、他の項目と異なり法に抵触することではないため、良し悪しの基準がわかりにくい。

人を扱う研究に関する方針は、第二次世界大戦における人体実験に対する反省から生じたニュルンベルク綱領をベースに、1964年に世界医師会の総会で採択されたヘルシンキ宣言[3]がある。これは、「序文」「一般原則」「リスク、負担、利益」「社会的弱者グループおよび個人」「科学的要件と研究計画書」「研究倫理委員会」「プライバシーと秘密保持」「インフォームド・コンセント」「プラセボの使用」「研究終了条項」「研究登録と結果の刊行および普及」「臨床における未実証の治療」の12の項目で合計37の条項から成る。また、厚生労働省、文部科学省および経済産業省は、2021年3月に「人を対象とする生命科学・医学系研究に関する倫理指針」を公示した。その基本方針は以下のとおりである。

①社会的及び学術的意義を有する研究を実施すること。
②研究分野の特性に応じた科学的合理性を確保すること。
③研究により得られる利益及び研究対象者への負担その他の不利益を比較考量すること。
④独立した公正な立場にある倫理審査委員会の審査を受けること。
⑤研究対象者への事前の十分な説明を行うとともに、自由な意思に基づく同意を得ること。
⑥社会的に弱い立場にある者への特別な配慮をすること。
⑦研究に利用する個人情報等を適切に管理すること。
⑧研究の質及び透明性を確保すること。

人を扱う研究は、ここに示した「生命科学・医学系研究」はもちろんだが、それ以外に、ヒューマンインタフェース領域や人間工学といった人を扱う工学系研究開発テーマとも深く関係がある。倫理指針に記されていることはどれも非常に重要であるが、これだけを見ても具体的にどうすればいいのかはわからない。また、主に医学領域を対象としているため、ヒューマンインタフェースや人間工学といった人を扱う工学系研究領域には適用しづらい。

この課題に対して、一般財団法人公正研究推進協会 (APRIN: Association for the Promotion of Research Integrity) では、研究倫理関連教材や勉強会の提供、そして研究機関の規範作り等へのコンサルテーションを通じ、生命医科学系・理工系・文系等の学術研究機関および各種学術団体の研究活動を支援している [4]。また、学会関係では、医学生理学系では以前から人を扱う研究倫理への対応に積極的に取り組んでいるが、理工系でも、生体医工学学会といった医学生理学系に近い学会では、生体生理を扱う工学系学会として臨床研究法の該当性判断ガイドラインを公表している。

本書で対象とするヒューマンインタフェースの研究開発対象は、メディア処理や情報処理などのシステム領域、人間の行動や内面を理解しようとする領域、人をサポートする機器の開発、人とシステムとのインタラクションに関する領域など、非常に多岐にわたっている。そして、ヒューマンインタフェースの研究である以上、人間のことを考えないテーマはないはずである。また、このような研究に取り組む際には、研究開発過程で、研究対象者、実験協力者、評価者など、何らかの形で人間が関わるケースが非常に多いのではないだろうか？ しかし、これまで生命科学・医学系を中心に考えられてきた「人を扱う研究倫理」は、ヒューマンインタフェースや人間工学の領域とは対象がかけ離れており、そのまま適用するのは不可能であるとの見方もある。このことから、「自分は関係ない」「自分は大丈夫」と思っている研究者・開発者・実務者も多いと考えられる。

そこで日本人間工学会(JES：Japan human factors and ergonomics society)では2009年に「人間工学研究のための倫理指針」を制定（2020年に「人を対象とする人間工学研究の倫理指針」として改訂）し、人間中心設計に関わる者の多くが意識し、実践できるようにした[5]。人間中心設計に携わる場合、ユーザ、開発者、評価者、管理者などの人間を、何らかの形で対象とすることになるであろう。その際、従来は許されていたことや気にされなかったことが、近年では非常に重要な問題となっていることがある。

また、このような人を対象とする研究倫理に対する重要性が謳われる中、ヒューマンインタフェース学会でも、人間が関わる研究開発において、対象となる人間を守るための基本原則を定める必要性を認識し、2010年に「ヒューマンインタフェース研究開発のための倫理指針」を規定し、運用を開始した（2021年改訂）[6]。しかし当時は、まだその必要性や重要性が広くは浸透しておらず、研究者の対応もまちまちであった。

現在では、人を対象とする研究倫理は、これまでのヒューマンインタフェースや人間工学領域だけでなく、人工知能(AI)の領域まで考えを及ぼす必要がある。AI領域における研究対象は必ずしも人間ではないが、AIを開発するのも使うのも人間なので、その場合の倫理も当然考える必要があり、日本AI学会でも独自の倫理規程を定めている。これは最近ではELSI(Ethics Legal Social Issues)と呼ばれ、AI領域では重要な検討課題となっている。例えば欧州AI指針（案）[7]、ISOTR9241-810(RIAS)[8]などが議論の対象となっているが、まだ指針や法律の解釈が定まらないため、「強制力をどこまで持たせるのか？」「どこまでを考えたらよいのか？」「何をしたらよいのか？」など混乱が生じているケースもある。

前述のように、倫理は法律と異なり明確な規程を作ることは難しい。そのため、人間を対象とした研究倫理はまだまだ過渡期である。ただ、基本的な考えである「研究・実験参加者保護」は変わることはない。迷ったときは立ち止まってこの点を思い出すことが重要である。

1.2 人を扱う研究倫理の工学系領域への適用

1.2.1 倫理指針策定の背景

1.1節で述べたように、生命科学・医学系研究における人を扱う研究倫理をこの領域以外の工学分野にまず適用したのは日本人間工学会であり、2009年に「人間工学研究のための倫理指針」を策定した（2020年に「人を対象とする人間工学研究の倫理指針」として改訂）。この背景には、時代的な要請と分野的な要請の2つがあった。

1.2.1.1 時代的な要請

前述のように、第二次世界大戦時の反省から、医学分野では、人を対象とした研究や実験等に関する倫理的な原則や指針が、戦後の早い時期に整備され始め [9]、その後、心理学分野でも倫理指針やガイドラインの策定が行われた [10-12]。しかし、人間工学を含む工学分野では、人を対象とした研究に関する倫理的配慮や倫理指針の整備が相当に遅れた [13]。その理由は、工学分野では、研究開発の主眼が機器や製品の高機能・高効率化、低コスト化、安全確保、環境保全等に置かれていたこと、これらの目的（主眼）を達成するためには、その途中の実験等で研究対象となる人々（以下、研究対象者と記す）への倫理的配慮は予算や工数確保など諸々の問題のごく一部でしかなく、相対的な優先度も低かったこと等であった [13, 14]。

ところが、21世紀になって、特に医学研究分野における研究対象者の保護が国際的に重要視されるようになり、国内でも厚生労働省や文部科学省主導で取り組まれ始めた。また、産業界では、日常生活で用いる製品や機器、サービス等に限らず、企業内や専門分野におけるシステム設計・提供の際にも「人間中心設計」といった手法が取り入れられるようになり、欧米の法整備化、規制強化の影響から「高齢者・障害者への配慮」を重視し始めた。そしてこれらを補強するために、工学分野の研究や開発においても、製品の研究開発や生産業務の一環として、人を対象にした調査・観察・実験を行うようになった。これらの活動には、製品・システム・サービスを使う立場の「人」が開発・評価に参加することになる。また、企業自身も、人間中心設計の観点から使いやすさを追求するための研究を重視し、研究対象者から収集したデータを論文や技術報告として公表し始めた。

このような流れの中で、研究対象者を保護し、研究対象者と研究等を実施する者との間のトラブルを回避しながら効率よくデータを取得するための一つの方策として、研究対象者への倫理的配慮の重要性が徐々に認識され始めた。

1.2.1.2　分野的な要請

医学分野における人を対象とした研究の多くにおいては、研究対象者の扱い方や参加形態、内容等が、工学分野におけるそれとはかなり異なる[13, 15, 16]。

医学分野では、研究対象者の生命に大きく関わる臨床実験や、長期間にわたって研究対象者やその集団の健康・疾病状態等を追跡する疫学調査等が、研究の一環として行われる。しかも研究対象者が患者であり、研究実施者が医者であるというパターナリズム的関係がしばしば生じる。

それに対して工学分野での研究・実験では、生活や就労において日々発生する心身への負荷や負担に近いレベルの調査・観察・実験が多いため、研究対象者が実験に協力することへの抵抗は強くない（ただし、実際には強い負荷がかけられることもあり、そのことが説明されない場合は問題がある)。また、研究対象者は調査・観察・実験に協力しなくても自分自身が何ら困ることはないため、「協力しない」という判断も容易にできる。このため、依頼に対する検討がしやすい。一方で、上司と部下、教授と学生といった関係で研究を行う場合、依頼を受けた本人だけでなく、依頼をした側が一緒に実験協力を検討するという共同意思決定の関係が構築されやすい。このことから、双方意識せずに研究対象者にとって不利益な状況が生じることがある。このような事態を防ぐために倫理指針が必要であるものの、1.1節でも述べたように、医学分野で規定されている研究倫理指針をそのまま工学分野に当てはめて対象者を保護しようとしても、理念としては受け入れられるものの、具体的対策は実態にそぐわない事柄が多い。このため、人間工学分野の実情に合った倫理指針策定への要望が徐々に強くなってきた。

1.2.2　倫理指針策定の目的

日本人間工学会やヒューマンインタフェース学会は、前項で述べたような時代的要請や分野的要請をふまえつつ、研究対象者を保護しながら人間工学研究を円滑に実施できるように、比較的詳細な倫理指針を策定した。その基本的な考え方は、「研究や実験等に協力しなくても何ら困らない人たちに協力をお願いするのだから、できる限りこれらの人たちに失礼がないように、不快な思いをさせないように、不利益が生じないように対応する」ということである [15, 16]。

一方、研究対象者や実験協力者だけでなく、研究実施者にとってもこの指針は重要である。なぜならば、倫理的配慮を全くせずに実験を開始し、データを測定したとしても、参加者が想定していなかった苦痛を被ることで突然実験を中止せざるを得なくなってしまう場合や、データ分析や論文執筆などがすべて完了したのちに、倫理的配慮が認められないとの理由で研究自体が水泡に帰す場合があるからである。このことから、倫理指針の策定は、研究対象者/実験参加者の保護はもちろんであるが、研究者自身を守ることにもつながる。また、研究者や開発者、製品評価等の実務者は「人を扱う」ということに最大限の配慮をしなくてはならないという意識づけにもつながる。

1.2.3　倫理面から見た人間工学分野の特徴

人間工学やヒューマンインタフェースといった人を扱う工学研究は、人が介在するあらゆるモノ・コトに関係している。従来の科学技術分野を縦糸とすれば、人間工学はそれらを貫く横糸的な分野である。工学分野における研究対象者を用いた研究の大部分は人間工学研究の範疇と言え、そこで実施される研究の内容・対象・手段・方法は非常に多様である[13]。

このような人を扱う工学研究を倫理面から見ると、次のような特徴がある。このため、倫理的配慮の内容やレベルには大きな幅があることに留意しておかなければならない[13, 15, 16]。

①研究の内容や方法は多岐にわたり、研究対象者への負荷についても、日常生活で経験する程度のものからかなり強いものまで、様々なレベルがある。例えば、5分未満の計測もあれば、長時間の連続拘束、長期間の追跡計測が必要となる場合もある。また、実験室の中だけでなく、屋外、一般家庭、公共空間、車内、騒音環境下、高温多湿環境下等様々な場所で計測することがある。課題や環境の条件を変えて実験を行うだけでなく、行動観察、作業現場での実態調査やアンケート調査等によってもデータを収集する。

②生物としての人、個人、特定集団、あるいは不特定集団が研究対象者となる。乳児や高齢者、心身に障害を持つ人々もしばしば含まれる。不特定集団が対象となる場合には、自身が研究対象者となっていることに気づかないこともある。

③研究対象者にとって直接的、即効的な利益はほとんどないにもかかわらず、研究等に協力した場合には、ある程度以上の心身への負荷や心身の負担は必ず生じる。

1.3　人を扱う研究倫理の浸透に向けて

1.3.1　ヒューマンインタフェース研究者の研究倫理に対する意識

ヒューマンインタフェース分野では、研究対象者/実験参加者に研究者が試作した機器を試用・評価してもらうような研究スタイルが多い。また、社会実験へ参加・評価してもらったり、定量調査や定性調査に参加してもらったり等も、しばしば見られる研究スタイルである。

ヒューマンインタフェース学会の会員を対象にした著者らの研究倫理に対する意識調査[17, 18]では、8割以上のヒューマンインタフェース研究者が、研究倫理審査を不要とは捉えていないことがわかった。換言すれば、当該分野での研究倫理審査の必要性については、多くの研究者が認識をしている。併せて、9割弱の研究者が人を相手にする研究に第三者のチェックが入ることには意義があると判断している。さらに、8割以上の研究者が研究者自体の保護の観点からも研究倫理審査の必要性を認識している。

このように、多くの研究者が研究者と被験者の双方の保護のために研究倫理審査が有用であると捉えている。したがって、人を対象にした研究機関においては倫理審査委員会の設置が必須であり、現在設置されていないのであれば、学会等が代替の審査機能を会員に紹介・提供する必要がある。とりわけ民間企業の研究では、ビジネスに有用なデータの取得や利益、効率性により重きが置かれ、研究倫理審査を面倒なプロセスと捉える傾向も否定できない。大学との共同研究の実施過程では、そのカルチャーの違いに悩む企業研究者も散見される。

1.3.2　研究倫理審査を「避けたい気持ち」を変える必要性

先に述べたとおり、ヒューマンインタフェース研究者は研究倫理審査の必要性は認識しているが、著者らの調査では、実に3割程度の研究者が「研究倫理審査は避けたい」と回答している。この背景には、大学にもよるが、医学分野や看護学分野の厳格な研究倫理審査内容・審査プロセスをヒューマンインタフェース分野に援用してしまい、ミスマッチにつながっている事態も多く見られる。著者らが改めて本書をまとめる意義は、そうした背景を問題として、ヒューマンインタフェース研究分野にとって合理的な研究倫理審査の内容とプロセスを提示することにある。いわゆる障害者差別解消法における合理的配慮の検討のように、相場観も加味しながらヒューマンインタフェース研究分野における研究倫理審査の合理的な内容を紡ぎ出すことが、研究倫理審査に消極的な心的態度の解消につながると考える。

また、1.1節で紹介した「人を対象とする生命科学・医学系研究に関する倫理指針」の②にある科学的合理性の審査についても、著者らの調査では「審査すべきでない」という回答が3割弱に上っている。厳しい研究倫理審査が足かせとなり、自由な発想による柔軟かつユニークな研究が生まれにくくなるというのが、その理由であろう。この点も、改善の論点になっていく。

自然科学系、人文科学系、社会科学系等の学問的性質や研究のスタイル、とりわけデータ取得のスタイルによって、研究者の研究倫理審査への心的態度は大きく異なる。著者らの調査では、行動観察・アンケート調査・主観評価については、3割弱の研究者が研究倫理審査を不要なものと考えていることがわかった。それゆえに、多数の研究事例から合理的な研究倫理審査の姿を紡ぎ出すことは意義深い。心理学の分野でも、事例集から倫理問題の課題を解説している文献があり[19]、具体的な例を用いた解説は理解を深める上で重要である。以下、本書では、多様な事例も掲載し読者の考えるヒントを提供していくので、ぜひ精読いただきたい。

1.4　演習問題

研究不正と研究倫理の違いを述べてください。

参考文献

[1]　松澤孝明：我が国における研究不正—公開情報に基づくマクロ分析(1)—、『情報管理』, Vol.56, No.3, pp.156-165, 2013.

[2]　オムニバス技術者倫理研究会編：『オムニバス技術者倫理 第2版』, p.15, 共立出

版，2020.

[3] ヘルシンキ宣言：人を対象とする医学研究の倫理的原則, World Medical Association, 1964.
https://www.med.or.jp/dl-med/wma/helsinki2013j.pdf（2022.12.7閲覧）

[4] 一般財団法人公正研究推進協会(APRIN).
https://www.aprin.or.jp/（2022.12.7閲覧）

[5] 一般社団法人日本人間工学会：人を対象とする人間工学研究の倫理指針, 2020. https://www.ergonomics.jp/official/wp-content/uploads/2020/06/ethical_guidelines_20200613_.pdf（2022.12.7閲覧）

[6] 特定非営利法人ヒューマンインタフェース学会：ヒューマンインタフェース研究開発のための倫理指針，2021.
https://jp.his.gr.jp/guide/rules/ethics-policy/（2022.12.7閲覧）

[7] 総務省：諸外国におけるAI規制の動向に関する調査研究—EUのAI規制法案の概要，2022.
https://www.soumu.go.jp/main_content/000826707.pdf（2022.12.7閲覧）.

[8] ISO/TS9241-810 Ergonomics of human-system interaction—Part 810: Robotic, intelligent and autonomous systems(RIAS).

[9] 大須賀美恵子：ヒトを対象とした実験における倫理的問題,『自動車技術』, Vol.63, No.12，pp.92-94，2009.

[10] アメリカ心理学会：『サイコロジストのための倫理綱領および行動規範』（富田正利，深津道子 訳），（社）日本心理学会，2000.

[11] 公益社団法人日本心理学会：倫理規程 第3版，2009.
https://psych.or.jp/wp-content/uploads/2017/09/rinri_kitei.pdf（2022.12.7閲覧）

[12] 日本基礎心理学会倫理特別委員会：基礎心理学研究者のための研究倫理ガイドブック，2008.
http:/psychonomic.jp/information/091014.pdf（2022.12.7閲覧）

[13] 横井孝志：日本人間工学会における研究倫理指針，『自動車技術』，Vol.64，No.2，pp.93-98，2010.

[14] 高橋隆雄，広川明，尾原祐三：『工学倫理—応用倫理学の接点—』，理工図書，2007.

[15] 横井孝志：人間工学分野における研究倫理指針，『基礎心理学研究』，Vol.31，No.2，pp.193-197，2013.

[16] 横井孝志：人間工学分野における研究倫理指針，『人間生活工学』，Vol.15，No.1，pp.29-33，2014.

[17] 西山敏樹：この研究に倫理審査は要りますか?(Case2) 人を対象とする研究の倫理的問題に関する意識調査，『ヒューマンインタフェース学会誌』，Vol.22，No.3，pp.22-25，2020.

[18] 西山敏樹：この研究に倫理審査は要りますか?(Case3) 人を対象とする研究の倫理的問題に関する意識調査(2)，『ヒューマンインタフェース学会誌』，Vol.22，No.4，pp.26-29，2020.

[19] Nagy, Thomas F.：『APA倫理規準による心理学倫理問題事例集』（村本詔司 監訳，浦谷計子 訳），創元社，2007.

第2章

人を扱う研究における倫理的課題

本章では、まず人を扱う研究倫理の一般的な事項を事例を交えて紹介し、データ収集の場面で配慮すべき倫理的課題を、刺激・環境・対象ごとに説明する。その後、具体的な研究場面を例として、実際にどのような状況で倫理的配慮がなされるのかを説明する。

2.1　一般的な倫理事項

第1章でも紹介したように、厚生労働省、文部科学省及び経済産業省は、2021年4月に「人を対象とする生命科学・医学系研究に関する倫理指針」[1]を公示し2022年3月に一部改訂した。その基本方針は以下である。

①社会的及び学術的意義を有する研究を実施すること。
②研究分野の特性に応じた科学的合理性を確保すること。
③研究により得られる利益及び研究対象者への負担その他の不利益を比較考量すること。
④独立した公正な立場にある倫理審査委員会の審査を受けること。
⑤研究対象者への事前の十分な説明を行うとともに、自由な意思に基づく同意を得ること
⑥社会的に弱い立場にある者への特別な配慮をすること。
⑦研究に利用する個人情報等を適切に管理すること。
⑧研究の質及び透明性を確保すること。

人に関する研究倫理において最も重要なことは、何を差し置いても「実験参加者保護」である。このことをふまえて上記指針のポイントを簡潔に言い換えると、

a) 研究目的や実施の合理性、メリットについての事前の十分な説明と研究参加者の了承・合意
b) 研究内容の公表などについての公正な判断と説明
c) 参加は自由意志であること、途中で中止できることが可能であることの事前説明と研究参加者の了承・合意
d) 立場の違いの配慮（相手の特性に応じた実験設計）
e) 個人情報保護
f) 研究参加による負担・不利益の有無や程度についての事前の十分な説明と研究参加者の了承・合意

となる。まず、この中で、a) から d) についてのありがちな具体例を事例1～6に示す。

事例1

ある研究をスタートさせる際に、ある刺激に対して人間がどのような反応をするのかを知るために、特に合意も得ずに「とりあえず」簡易な実験を行った。

事例2

上司や指導教官が、部下や学生に安全かどうかがはっきりしない測定を実施することを指示し、指示を出された側の部下や学生も、上司や教官の指示だからということで参加者に内容説明や合意を得ることをせずに「とりあえず」実施した。

事例3

実験中苦痛を感じた参加者に対して「もうちょっとだから」と実験継続

を強要した。

事例4

実験参加者の特性に起因する特別なデータを、本人への説明や了解を得ずに特異データとして公表した。

事例5

例えば色覚特性がある方に対して配色に関する評価実験を行うなど、障害等実験参加者の特性を無視した実験課題を与えた。

事例6

福祉や障害者支援の研究において、「自分に対する特別な研究（支援）」ではなく、支援機器・技術を多くの人に使ってもらうために必要なデータの取得が目的であることが説明不十分であった。

e)の個人情報については、個人情報保護法に則った対応が必要であることは言うまでもないが、起こりうる（実際に生じた）事例として、事例7、8を紹介する。

事例7

フィールド調査の状況を撮影した写真に第三者が映りこみ、それをそのまま公開情報とした。

事例8

論文等で実験参加者の特性を匿名で記載したが、研究室内実験であることを示したため（このこと自体は正しい）、本人が特定できてしまった（倫理指針の基本方針⑦とも関連）。

f)については、事例9を示す。

事例9

事例2とも関係するが、「君の卒業研究のためのデータだから」という理由づけで、安全性を確認せず、また実験に参加しないことの影響（卒業できない）を暗に示して、同意を得ないまま実験に参加させた。

以上は一般的な倫理課題であるが、個別の例は2.3節、2.4節に示す。

2.2 データ収集のための刺激・環境条件や対象等と考慮すべき倫理的事項

表2.1は、人を扱う工学系・心理学系研究における、データ収集のための刺激・環境条件や対象等と考慮すべき倫理的事項を示したものである。より詳細は2.3節で解説する（表中の番号は本書での説明箇所を示す）。

表2.1　データ収集のための刺激・環境条件や対象等と考慮すべき倫理的事項

		身体的苦痛・安全面への配慮	精神的苦痛・差別等の回避
入力刺激	感覚刺激 （視覚、聴覚、触覚、嗅覚、味覚） 温熱 意味情報（質問項目） 学習課題、教育	2.3.1.1	2.3.1.2
環境条件	室外、屋外、室内 明所、暗所 静寂、騒音下	2.3.2.1	2.3.2.2
実験参加者への制約	拘束 姿勢制約（臥位、座位、立位） 行動制約（屋内、建物内、屋外） 実験時間の制約（継続時間、設問回答数等）	2.3.3.1	2.3.3.2
データ収集手段	センサ（電極等）、カメラ / マイク	2.3.4.1	2.3.4.2
	試作機	2.3.4.3	

これらに共通するのは、研究対象者/実験参加者に「どの程度の負荷があるのか？ 苦痛があるのか？」といった不安が生じることであり、どの場合においても、その不安をできる限り払拭させることが重要である。また、測定対象としては以下が想定できる。

・成人男女
・子供
・乳幼児
・高齢者
・身体的・精神的特性のある方、疾病患者

測定対象ごとに配慮すべき事柄は、以下のとおりである。

成人男女

どのような目的で、どのような測定を、どのようにして実施するのかということ、個人を評価するのではないこと、起こりうる苦痛（痛みなど）とその安全性について事前に説明し、了承を得る。

例えば製品のユーザビリティ評価では、「この実験は製品がユーザにとって使いやすいかどうかを、作業時間や達成度を用いて評価します。このデータはあなたの能力を評価するものではありません。作業中画面を見続けることによって目がちかちかしたり疲れたりするかもしれませんが、作業終了後に目を休めることで回復します。また、作業継続が困難と感じた場合は中止しますので、遠慮なくおっしゃってください」と説明する。

子供

成人男女が対象である場合と同様のことを本人と保護者に説明し、了解を得る。その際、「わかった？」などと同意を強制しない。

例えば勉強机や椅子の評価の場合、高さ調節などを本人にさせることはないが、未就学児の場合、測定中に転落したり、隙間に指などを挟んだりする危険がある。そのような場合でも被害を最低限に抑えるために、床にマットを敷く、挟む可能性がある箇所にクッションを付けるなどの対策を行い、そのことを保護者および本人に伝える。

乳幼児

本人の同意を得られないので細心の注意を払うのは当然であるが、保護者の不安を払拭するために、事前データを用いた十分な説明と複数人でのモニタリングを行う。

例えばチャイルドシートの評価の場合、事前に人形を使って圧迫、温熱(蒸れ)、材質による擦れなどを確認する。また、乳幼児を固定する際に締めすぎることがないようにストッパーがついていることを固定者および保護者に事前に説明し、了解を得る。

高齢者

成人男女と同様の説明をするとともに、特に本人の能力評価ではないこと、安全への配慮について十分に説明する。

例えばATMの操作性評価の場合、成人男女と同様の説明に加え、操作に戸惑ったり、画面が見にくくなったりしたときにはすぐに申告できることを伝え、不安要素を取り除く配慮をする。また、立位の作業の場合は転倒する危険があるため、近くに介助者を置く、手すりを設置する、万が一の転倒したときに怪我につながらないようマットを用意する、といった配慮を行う。

身体的・精神的特性のある方、疾病患者

高齢者と同様の説明や配慮を行い、結果の公表の際には個人が特定されないことを説明する。また、特性を無視した作業を課さないようにする。対象の方を支援するための実験なのか、一般的支援機器の開発のためのデータ収集なのかを明確に説明し、誤解のないようにする（2.1節の事例4～6に該当）。

Q&A

Q　高齢者に対する研究では、同意能力を欠くと考えられる認知症の人を被験者から外して実施した方がいいですよね？

A　必ずしもそうとは限りません。研究の目的に応じて考える必要があります。

特定の人の集団を研究の対象者から外してしまうのは、研究参加の機会を奪ってしまうことであり、非倫理的と考えられる場合もあります。研究の目的と照らし合わせて適切な被験者の選択を心がけてください。
第3章で解説するエマニュエルの8要件では「Fair Subject Selection（適正な被験者選択）」が、倫理指針の基本方針では「社会的に弱い立場にある者への配慮」が求められています。[2, 3]

2.3　配慮すべき倫理事項の具体例

この節では、人を扱う工学的研究開発実践で行われる実験・測定・調査について、提示刺激、測定環境、実験参加者への制約、データ収集手段のそれぞれにおいて必要な配慮や回避すべき事項について説明する。

2.3.1　入力刺激

2.3.1.1　身体的苦痛・安全面への配慮

入力が感覚刺激（視覚、聴覚、触覚、嗅覚、味覚）の場合、それを受けることによって、眩しい、うるさい、痛い、臭い、辛い、甘い、酸っぱい、といった反応が生じる。また、直接的な刺激ではなくとも、温熱刺激も同様である。これらは程度によっては苦痛となりうるため、このような刺激を用いる際には、ISO9241シリーズ（インタラクティブシステムの人間工学）やISO7243、ISO10551（いずれも温熱環境）といった規格やガイドラインを参考にし、その範囲内であるかどうか、範囲外である場合はその程度をできるだけ具体的に示す必要がある。しかし、刺激に対する感じ方は個人ごとに異なるため、規格の範囲内であるから問題ないと考えず、必ず事前に対象となる実験参加者にとって問題ないことを確認する必要がある。感覚刺激による身体への影響に関する配慮事項の例を以下に示す。

■画面上の文字検索作業において人に影響を与える刺激や環境は、画面上の照度や周辺の明るさ、画面文字の輝度である。配慮事項としては、「画面照度が1000 lux以下」といった具体的数値が示せる場合はそれを示し、屋外環境での実施のため画面照度がコントロールできない場合は、「通常の日中屋外でのスマートフォン操作環境」などイメージしやすい例を出す。また、真夏の炎天下での画面操作等、反射光が目に悪影響を与える可能性が大きい環境での実験は極力避け、どうしても必要な場合は、専門医の指導の下で行う。

■五感情報（視覚、聴覚、触力覚、嗅覚、味覚）を提示し、知覚できるかどうかを調べる際には、視覚刺激（光や文字など）や聴覚刺激（音や音楽など）といった知覚刺激を用いる。意味がわかるかどうかではなく、知覚できるかどうか（刺激の存在がわかるかどうか）を調べる実験なので、知覚できなかった場合は対象者に原因があるのではなく、情報提示に起因すると扱うことを事前に説明し、同意を得る。

■例えばカイロなどの安全性を評価するために温熱刺激を用いてそれに対する反応（熱い、温かい、など）を調べる際、その刺激によって火傷をするなど皮膚や神経を傷つけたりしないことを説明する。

■嗅覚や味覚といった刺激は、同じ感覚を誘発させるものであっても、その原料によっては人体に悪影響を及ぼす場合がある。食品安全の評価などの場合は、悪影響がないことを事前に説明し、要求があればそのことを証明する資料を提示する。

2.3.1.2　精神的苦痛・差別等の回避

感覚刺激を繰り返し提示することによって、精神的な苦痛を生じさせることがある。これは20世紀後半に行われていたストレスに関する人間工学的研究のストレッサーとして感覚刺激が用いられていたことからも明らかである。このような研究の実施およびこのような刺激を用いる場合には、研究の目的の説明とともに、途中でやめることができることの説明とその説明内容・書かれている条件に対しての同意、さらに実験後に十分休憩がとれるようなスケジューリングが必要である。

一方、アンケートやインタビューなど、意味を持った文章で質問をする場合、その内容によっては実験参加者が精神的な苦痛を生じることがある。特に、家族や出身地域、地域特有の慣習などについては極力聞かないようにし、どうしても必要な場合にも直接的な聞き方はしない、少しでも回答にためらいがあったらすぐに質問を取り下げるといった十分な配慮をする。また、作業を伴う実験の後の調査にうまくいかなかった理由を聞く際には、それが本人に起因するわけではないことを前提とした聞き方にすべきである。

入力刺激による心理的（精神面への）影響に関する配慮事項の例を以下に示す。

■実験協力者にストレスとなる刺激を提示してそれに対する反応を調べ、ストレスの指標を見出したり、ストレスの強さを評価したりする実験研究の場合、実験協力者に対しては、実験の目的（製品改善のためのデータ収集であり、刺激の強さによってどのように反応が変わるのかを調べる、いわゆる実験のための実験ではないこと）、刺激の内容（光のフラッシュ刺激など）、目がちかちかする・痛い、といった想定される影響、最終的に人体への影響はないこと、刺激が提示された後の汗の量や脳波の変動は非侵襲で計測すること、などを説明する。もし計測の際に侵襲する場合は、法律に基づく医学的対応および配慮が必要である。

■インタビューは基本的に対面でかつ対話形式で行われるため、相手とのやりとりの中で個人的な事柄に触れてしまう場合がある。また、対面ではないアンケートでは、正確な情報を得るために、個人的な内容を項目に含めてしまう場合がある。しかし、個人情報を厳密に管理するとしても、市区町村よりもさらに踏み込んだ出身地は、差別等ナイーブな問題に関わる場合があるので、アンケート項目には含めない。どうしても尋ねる必要がある場合には、その理由を説明する。

2.3.2 環境条件

2.3.2.1 身体的苦痛・安全面への配慮

環境条件による身体的影響は、2.3.1.1で述べた感覚刺激による影響と同様、眩しい、うるさい、痛い、臭い、といった反応が生じる。要因としては、室内の温湿度、換気状況、埃や粉じん、高照度、高騒音などがある。環境条件が身体へ与える影響に関する配慮事項の例を以下に示す。

■通常の空調の場合、床の近くと天井の近くとでは温度が異なる。通常、室温の測定は床から１ｍの高さで行われるため、成人と子供とでは快適もしくは不快と感じる設定温度が異なる。室温が刺激ではなく共通の環境要素である場合は、同一空間内のいずれの実験参加者にとっても不快とならない範囲で設定すべきである。

また、高照度での実験の場合、「屋外と同等の環境を再現する必要がある」といった明確な理由づけが必要である。

2.3.2.2 精神的苦痛・差別等の回避

室内閉暗所、無音あるいは高騒音環境などでの実験は、実験参加者に精神的苦痛を与えることがある。環境条件による心理的（精神面への）影響に関する配慮事項の例を以下に示す。

■特定の光刺激だけへの反応を測定するために、室内閉暗所空間で実験を行う場合、室内には刺激提示装置以外のものは置かず、実験参加者が多少動いても何かにぶつかったりしないようにする（不安にさせない配慮）。

2.3.3　実験参加者への制約

2.3.3.1　身体的苦痛・安全面への配慮

実験参加者への制約に起因する身体的苦痛としては、身体を拘束するための固定具による締め付け痛、擦れ、継続的な姿勢の制約による疲労などがある。実験参加者への制約を通じた身体への影響に関する配慮事項の例を以下に示す。

■人間の視角を測定する場合、被験者の顔が動いてしまうと、測定した角度が、顔が動いた角度なのか視角なのかがわからなくなってしまうため、顎台を用いて顔を固定する、ノイズを除去するために上体や腕などを固定する、などといった動きの拘束を行う。その際、実験参加者に対して、拘束は実験参加者の動きを押さえつけることが目的ではなく、刺激を確実に伝えるため、また、電極等のずれを最小限にとどめ、早く正確なデータを収集し、短時間で実験を完了させるために行うことであることを伝え、苦痛を感じたらすぐに解除できることを説明する。

2.3.3.2　精神的苦痛・差別等の回避

実験参加者への制約では、身体的苦痛よりも精神的苦痛の方が大きくなる傾向がある。したがって、身体の拘束や姿勢の制約、行動範囲の制約について、なぜそれが必要なのかを丁寧に説明する必要がある。また、拷問と捉えられるような拘束の仕方は採用してはいけない。実験参加者への制約を通じた心理的（精神面への）影響に関する配慮事項の例を以下に示す。

■2.3.3.1の事例で述べたとおり、人間の視角を測定する場合、顎台を用いて顔を固定する、ノイズを除去するために上体や腕などを固定する、などといった動きの拘束を行う場合があるが、実験者と実験参加者の立場は極力同等とすべきであり、主従関係がある者の間で行うべきではない。また、第三者が実験風景を見たときに強制的な行動と捉えられないようにすべきである。例えば教官が実験者で生徒が被測定者といった「実験者と実験参加者は極力対等であるべき」という条件から外れている場合は、密室での実験とならないようにするか、実験映像をいつでも公開できるようにしておく。

Q&A

Q　屋外での観光行動観察実験を計画しています。気象条件で注意すべきことはありますか？

A　実験現場にいるの人の判断だけで実験の遂行を決定しないようにしましょう。「実験者および実験協力者が実施可能と判断した場合、実験しても良い」とするのは危険です。

屋外での実験で実験協力者に長時間の行動を求める場合、計画段階で実験の中断条件を定めておくことが重要です。特に酷暑や厳寒の気象条件の場合、この程度なら大丈夫だろうという実験者や実験協力者の勝手な判断で実験を実施してしまうと事故につながります。実験開始前に熱中症の危険性が高まりそうな予報が出ている場合や、実験協力者への防寒対策が不十分である場合は、実験を延期もしくは中止することを計画に明記しましょう。

Q&A

Q　実験協力者の都合で、実験実施時間が祝祭日や夜間になりました。問題ないでしょうか？

A　人の心理や生理に何らかの影響を及ぼすすべての実験において問題があります。

実験への参加によって心や体調に何らかの不調をきたす可能性がある場合、病院での診療が容易な時間帯で実験を実施する必要があります。実験者や実験協力者の都合による夜間や祝祭日での実験は、学生による卒業研究などで発生しやすい事案です。指導責任者はそのようなことが発生しないか、実験計画段階でチェックするようにしましょう。

2.3.4　データ収集手段

2.3.4.1　身体的苦痛・安全面への配慮

データ収集のためのセンサには接触型・非接触型がある。接触型のものは主に電極であり、使用する際には、感電や皮膚の炎症などに注意する。また、電極には脳波用スピン電極や筋電用針電極など侵襲型のものもある。これらは当然、痛みを発生させる。医師や検査技師など電極装着の専門家が実験参加者に装着する場合であっても、精神面への影響が生じることがあるので、痛み等が生じること、それによる健康面への影響はないことについての事前説明が必要である。また、無線型のセンサの場合は、電波法に基づいた仕様であることを説明するかわかるように明示し、人体への影響がないことを理解してもらう。データ収集手段による実験参加者の身体への影響に関する配慮事項の例を以下に示す。

■多チャンネル脳波を測定するためにキャップタイプの電極を装着してもらうことがあり、その際、締め付け痛が生じる場合がある。測定の意義を説明して同意を得るのはもちろんであるが、通常の皿電極を一つ一つ付けるよりも効率的であり、測定後の後処理も容易であることを説明する。

■特定作業の習熟度を評価するために、片手で作業してもらい、身体負担の変化を測定する場合がある。このような場合は、腰痛、高血圧、心疾患、外傷がある人を対象者としないよう配慮する。また、実験中にこのような症状が生じた場合には、直ちに中止することを双方で合意する。また、片手での作業を依頼する場合、利き手の情報と個人が紐づかないようにデータ管理を行うことを明確にする

2.3.4.2　精神的苦痛・差別等の回避

カメラやマイクを用いた測定では、主に個人の行動、顔の表情、発話データの収集を行うため、個人が特定できるケースが多く、個人情報の取り扱いに特に注意しなければならない。すなわち、収集されたデータがきちんと保管されるか、どのように扱われるかを明確にし、実験協力者が納得できるようにする必要がある。また近年、顔画像から性的マイノリティであることが推定できるといった技術が開発されているため、顔画像が勝手に目的外で処理され、その結果が差別に使われる、ということがないようにすることも明示すべきである。データ収集手段による実験参加者の心理的（精神面への）影響に関する配慮事項の例を以下に示す。

■顔画像の使用目的を明示するとともに、差別的な目的では使わないということを文書で示す。

■調査対象が後天性の視覚障害者である場合、対象者への負担を配慮し、調査者がアンケートの質問項目を読み上げ、回答を記録するようにする。また、疲労軽減のために約30分ごとに休憩時間を設ける。

■顔画像から年齢推定を行い、それを用いた何らかの判定を行う場合、元となる顔画像と判定結果が紐づけられないために情報管理を徹底していることを明確に示す。

■人間の行動特性を調査するための課題操作および操作支援技術の効果測定を実施する際には、行動自体を調べることではなく、対象となる製品や技術を使うことによる効果についての知見を得ることが目的であることを明示する。また、写真や動画による実験風景記録は、対象者の同意を得てから行う。

■調査項目に居住地が含まれる場合、その回答者個人の居住地が特定されないようにする。

■ユーザビリティ評価において、課題達成度、効率性、満足、を評価する場合、あくまでもインタフェースに起因するユーザビリティを評価するためのデータとして用い、その成績から対象者個人の能力を評価するわけではないことを説明し、了承を得る。

2.3.4.3 試作機等品質保証がされていない装置を用いてデータ収集を行う場合

様々なデータ、特に生体情報の収集において、研究室等で作製した試作機等を用いてデータ収集が行われることがあるが、並行して試作機そのものの性能評価のためのデータを収集することもある。試作機は当然、品質が保証されていないため、公的に安全性が認められているわけではない。そのため、試作機開発者を中心として法令や規格に則った安全性を明確に示すことだけではなく、有資格者による試作機の安全性検査を受けた上で、試作機自体の性能評価実験であることも明確に実験参加者に伝え、同意を得る必要がある。

2.4　研究開発現場で生じる倫理的課題の具体例と指針

ここでは、製品開発等の研究開発の現場で起こりうる研究倫理の問題を研究実例に即して紹介する。研究者自身と研究への協力者の双方に対する研究倫理の配慮ポイントがあるので、読後には、広い視野を持つことの必要性がわかるはずである。

2.4.1　病院用移動支援車輌の開発と実験

2.4.1.1　概要

高齢者や障害者、また病人やけが人等、医療施設・福祉施設内での移動に問題を持つ人が多くいる。そこで昨今のAI関連の技術を駆使して、医療福祉施設内での移動を支援する、電動自動運転式の患者搬送車輌を試作開発することになった。医療施設および福祉施設のスタッフのニーズ調査から試作車の概念構築、実際の車輌・運用システムの試作と検証・利用評価までを実施することとなり、これに際しての倫理的な課題に直面した。

2.4.1.2　倫理的課題

本事例における倫理的課題を、1～8のとおり示す。

1 全段階において、研究参加者の個人情報が厳重に保護されているか。
2 個人情報を含むデータ収集から分析までの取り扱い、入力・分析や管理の適切な環境の整備、社会への成果の告知方法などについて事前に説明されているか。
3 第1段階で医療施設や福祉施設で働くスタッフへのニーズ調査を行うが、調査自体が過度な肉体的負担・精神的負担、時間的拘束にならないか（スタッフは患者対応を優先する必要があるため、それを考慮したニーズ調査の企画設計を行う)。

4 第2段階ではワークショップを行いつつ試作車輛・システムの概念構築を実施するが、それ自体が研究参加者にとって過度な肉体的・精神的負担、時間的拘束にならないか。

5 第3段階では試作した車輛やシステムに乗車してもらいユーザ評価を実施するが、主治医が乗車の可否を適切に判断できるように、医師や看護師も車輛の特性を理解しているか(病状や体調により乗車を避けた方が良い患者も想定されるので、適切な判断が求められる)。

6 第3段階の乗車中に、イレギュラーな事象が発生した際の連絡や技術的な対応をあらかじめ検討してあるか。また人的な対応のマニュアルを作成してあるか(患者がトイレに行きたくなった、体調が悪くなった、車輛やシステムの不具合が生じた等の場面を想定する必要がある)。

7 第3段階で乗車後に質問紙調査やインタビュー調査をする場合、それらの調査自体が過度な肉体的負担・精神的負担、時間的拘束にならないか。

8 倫理審査の申請において、スタッフと患者の双方について以下を明確にしているか。

(1) 研究者自身に求められること

- 研究者全員が医療研究倫理に関わるeラーニング等の教育を受けたことを証明する。
- 研究者全員が利益相反・利益供与の状況となる(医工連携の分野ではメーカーとの共同研究・開発の機会も多く、製品の量産過程で研究者がメーカーから利益を供与されることも想定される。そうした関係性が研究に影響を与えないように配慮する必要がある)。
- 研究者全員が試作する車輛とシステムで事前試用をして、理解を深めていることを証明する。
- 当該研究に参加したプロセスで知り得た研究関連情報一式の秘密保護を行い、研究参加者のプライバシー保護に配慮する。インターネット上での研究参加者の情報公開等に関する合意も取得する。また、研究参加者側の発言などは考慮されず、基本的に研究成果の知的財産権は研究者側に所属することを明記・告知する。

(2) 研究者が参加者保護のために配慮すること

・試作開発した製品の検証（うまく動くかどうかを見ること）や評価（ユーザが実際に使って使いやすいかどうかを見ること）を行う際の体制が適正であるか。また、乗車の許可を出す医師への教育の内容をしっかりと検討する。
・当該研究での氏名・年齢・性別・写真等の個人情報収集の必要性と実際に行う収集範囲を説明する。
・参加への同意・同意撤回など、同意に関わる諸手続きの方法を参加者に伝える。
・研究参加の同意書の内容を、医用工学・福祉工学の分野のチェックリストに準拠させる。
・参加者に与える謝金、実験結果が社会に与える効果と参加者の各種リスクを明確に伝える。
・参加者がすぐに連絡をとれる研究者の電話・メールアドレス等を明確にする。
・被験者を強制的に実験に参加させない。例えば患者が参加を拒否した場合に、診療で不利益を被るといったことがあってはならない。
・参加者が意図的、また非意図的に当該研究の情報を公開し、研究者側の知的財産権の侵害にならないように努めているか。

2.4.1.3　参加者保護の視点でのチェックポイント

参加者保護視点でのチェックポイントは、以下のとおりである。文末の番号は、2.4.1.2の1～8の該当する項目を示している。

✓実験参加者の個人情報は保護されるか (1)
✓参加者のダメージに対して配慮があるか（1～7）
✓参加者の権利は守られているか (8(2))
✓参加者は説明内容を受け入れ、自由意思の下で同意書を得られているか (8(2))
✓参加者本人が同意できる状況にない場合、代諾者から同意を得ているか

（今回該当なし）

✓公共の場でのデータ収集に関し、収集方法や消去方法は参加者に通達されているか (8(2))

✓収集したデータを無駄にする可能性を低くする配慮があるか (8(2))

✓研究者全員が医療研究倫理の指定教育を受けているか (8(1))

✓研究者全員が事前試用を行い、事前に参加者にとっての様々なミスを防いで克服しているか (8(1))

2.4.2　ユーザ評価における質問紙

2.4.2.1　概要

ある大学の研究室では、学生が、基本インタフェースHに追加して用いる警報提示インタフェースHaおよびHbを開発し、その比較評価実験を実施しようとしている。実験では、「ユーザがH上で通常タスク実施中に、HaまたはHbのどちらを用いた場合により早く警報に気づくことができるか」という観点から評価を行うこととする。具体的には、警報に気づいたら所定のボタンをクリックしてもらい、警報提示からクリックまでにかかった時間を測定する。

実験目的「警報提示インタフェースHaとHbの比較・評価」を事前に実験参加者に説明すると、HaおよびHbに対して不自然に高頻度で注意が向けられるなど、評価結果に影響を及ぼす参加者の行動を誘発してしまう可能性が考えられるため、本来の実験目的は参加者に隠して実験を実施する。参加者にはHaとHbの両条件下でタスクを行ってもらうこととし、データ分析の際に用いる統計手法と必要なサンプルサイズは事前に決定した。また、説明や操作練習等も含めた実験の所要時間は、3時間半程度である。

2.4.2.2 倫理的課題

本事例における倫理的課題を、1～12のとおり示す。

1 個人情報の保護は正しくなされるか。

2 実験に伴う参加者の疲労が過度にならないか、過度になる可能性がある場合の回避策は明確か。参加者が休息をとる方法は明確か。

3 データの取り扱い方法（データ収集方法・分析方法・開示方法）が余さず参加者に伝えられているか。

4 実験参加への同意および同意撤回の方法が余さず参加者に伝えられているか。

5 個人便益（参加者謝金など）、社会的便益（実験結果が社会に与える影響）とリスク（長時間の実験に伴う疲労や気分の悪化など）が参加者に伝えられているか。

6 実験の性格上、事前に説明できない実験のプロセスがあること、そのプロセスにおけるリスクの程度、実験終了後に実験の詳細について説明することが、あらかじめ参加者に伝えられているか。

7 実験終了後の事後説明時に、事前に説明できなかった情報（本来の実験目的や取得するデータ、それらを事前に開示できなかった理由など）をふまえて、参加への同意を撤回可能であることが参加者に再度伝えられているか。

8 参加者が申し立てをするための窓口が用意されているか。

9 以上の点をふまえてインフォームド・コンセントを受領しているか。

10 参加者の実験参加条件（あるいは除外条件）を明確に規定しているか。

11 実験実施前に使用する統計は決定されているか。使用する統計に応じたサンプルサイズで実験は計画されているか。

12 指導者と共同研究者が関与する場合は、それぞれに内容の確認・監督・指導を受けているか。

2.4.2.3　参加者保護の視点でのチェックポイント

参加者保護視点でのチェックポイントは、以下のとおりである。文末の番号は、2.4.2.2の1～12の該当する項目を示している。

✓実験参加者の個人情報は保護されるか (1, 3, 4)
✓参加者のダメージに対して配慮があるか (2, 5, 6)
✓参加者の権利は守られているか（3~8)

✓参加者は説明内容を受け入れ、自由意志の下で同意書を得られているか (3〜10)
✓収集したデータを無駄にする可能性を低くする配慮があるか (3, 10, 11)
✓実施する研究が検討不十分と判定され、参加者のデータが無駄にならないような配慮はあるか (3, 9, 10)
✓実施する研究論文が不寄与著者論文に該当しないような配慮はあるか (12)

2.4.3　感性評価実験

2.4.3.1　事例概要

色による印象の変化を明らかにするために、様々な文字色で書かれた文章を見た上で感性評価（SD(Semantic Differential)法）を実施する。色に関する実験であるため、実験参加者には事前に色覚検査を実施し、色覚特性のなかった者のみ実験に参加してもらう。刺激となる文字色は全部で数十種類あり、すべての評価を終えるには1人あたり90分程度かかる。事前の色覚検査を含め、実験は実験室で5〜10名程度合同で実施する。実験参加者は教員が授業中に呼びかけることにより募集し、実験実施は学生が行う。後の成果報告のために、実験の様子を写真撮影しておく。

2.4.3.2　倫理的課題

1 氏名、年齢、性別、写真等の個人情報はどこまで収集する必要があるか。収集した個人情報を保護できるデータ管理環境になっているか。
2 成果公表時の個人情報の扱い（実験中の写真を含む）について十分に保護できているか。
3 参加者の疲労が過度とならないように実験が計画されているか。
4 疲労により生じる症状（気分の悪化、目のかすみ等）が現れたときの対処方法は用意されているか。
5 色覚検査で特性が見つかったときの本人への告知について配慮がなされているか（複数名同時実施では他の参加者に知られる可能性がある）。また特性発見の可能性があることおよび告知方法を事前に参加者に伝えているか。

6 データの取り扱い方法（データ収集方法・分析方法・開示方法）を参加者に伝えているか。
7 同意について取り扱い（参加への同意および同意撤回の方法）を参加者に伝えているか。
8 個人便益（参加者謝金など），社会的便益（実験結果が社会に与える影響）とリスク（疲労による悪影響）を参加者に伝えているか。
9. 参加者の募集について、参加しないと不利益になると思われるような募集方法になっていないか（参加しないと授業の点数が下がる等）。
10. 参加者が申し立てをするための窓口が用意されているか。
11. 以上の点をふまえてインフォームド・コンセント（説明に対する実験参加者の同意）を受領しているか。
12. 参加者の実験参加条件（あるいは除外条件）を明確に規定しているか。
13. データ解析に統計処理を用いる場合、実験実施前に使用する統計は決定されているか。使用する統計に応じたサンプルサイズで実験が計画されているか。
14. 指導者と共同研究者が関与する場合は、それぞれに内容の確認・監督・指導を受けているか。

2.4.3.3 参加者保護の視点でのチェックポイント

参加者保護支店でのチェックポイントは、以下のとおりである。文末の番号は、2.4.3.2の1～14の該当する項目を示している。

✓実験参加者の個人情報は保護されるか（1,2,5～7）
✓参加者のダメージに対して配慮があるか（3～5）
✓参加者の権利は守られているか（6～10）
✓参加者は説明内容を受け入れ，自由意志の下で同意書を得られているか（6～12）
✓収集したデータを無駄にする可能性を低くする配慮があるか(6, 12, 13)
✓実施する研究が検討不十分と判定され，参加者のデータが無駄にならないような配慮はあるか（例えば事前にサンプルサイズを決定していない

場合、統計処理の不正操作であり、検討不十分とみなされる可能性がある）(6, 11～13)

✓実施する研究論文が不寄与著者論文（実際には貢献していない人が著者に含まれている論文）に該当しないような配慮はあるか (14)

2.5 研究開発論文から見える倫理的課題

本節では、実際に人を扱った研究論文（アブストラクト）を参照し、生理計測や評価などの観点から、当該研究において配慮されるべき倫理的課題について述べる。

2.5.1 生理計測/主観評価を扱った論文

2.5.1.1 画面配色パターンが作業者に与える影響—NIRSを用いた分析—[4]

アブストラクト

実際のVDT（視覚表示装置、Visual Display Terminals）作業で想定されうる画面配色について、ユーザビリティに配慮された特長的な配色パターンが、疲労や快適性の観点からも人間にとって好ましい配色パターンであることを調べるために、配色イメージスケールの各象限にマッピングされた特長的な配色パターン（黒系、青系、緑系、ピンク系）および予備実験により疲れやすいと評価されている配色（シアン系）を用い、認知負荷の低い30分の画面注視作業を実施。その際の生体情報変動および主観評価結果を分析した。生体情報としては、脳内血中ヘモグロビン濃度、発汗、皮膚電位活動を測定し、主観評価では、質問紙によるVAS評価および7段階の感性評価を実施し、感性評価については因子分析を行った。その結果、生体情報、主観評価ともに、シアン系の配色の評価が低いことがわかり、メンタルワークロードの観点から評価した前回研究（同様の課題に対する主観評価実験）を支持する結果となった。脳内血中ヘモグロビン濃度については、画面を見たときの活性度や快適さが変化に影響することが従来の研究からわかっているため、ユーザビリティに配慮された配色は快適性の観点からも人間にとって好ましい配色であることが示された。

倫理的に配慮すべきポイント：

この研究概要から推測できる倫理的に配慮すべきポイントは、まずは「画面注視」である。スマートフォンやタブレットなどの画面を見続けることは不自然ではないという錯覚に陥りがちだが、自然光とは異なる光を注視することは、実験参加者にかなりの負担を与えていることを意識すべきである。したがって、課題の内容にも依存するが、30分という作業時間が適切かどうか、実験参加者が自分の意思で課題を中断することができるかどうかという点は非常に重要である。その上で、「注視する画面の輝度、色および環境照度は人間工学規格に準じているか？」「画面評価で問題になりやすい周辺環境は十分検証済みか？」など、問題がないことを確認した上で実験参加者に説明する必要がある。

次に生体情報計測については、電極の装着の仕方やセンサの装着部位を事前に説明し、承諾を得た上で実施する。また、主観評価については、「実験参加者の色覚特性に触れていないか？」「事前に色覚特性について確認をしているか？」といった内容に関する配慮が必要である。また、設問の数が適正であるかという点にも配慮し、評価時間まで含めた全体の拘束時間を承諾してもらった上で実験に参加してもらう必要がある。

2.5.1.2　視覚作業および快適性試験の手法の評価[5]

アブストラクト：

画面検索作業および快適性試験を適用する実験において、試験手法の妥当性について検討した。被験者への負荷が実際の実験データにどのような影響を与えているのかを調べた結果、被験者の負荷を軽減するためには画面検索作業の表示条件（画面サイズ、文字サイズ、輝度、配色など）が重要であることが明らかになった。また、エラーの多い実験データについては、エラーを考慮したデータ解析を行うことでより信頼性のある実験結果を得ることができることがわかった。

倫理的に配慮すべきポイント：

この研究概要から推測できる倫理的に配慮すべきポイントは、まず、被験者（実験参加者）にかかる負担の内容である。画面検索作業時の環境、姿勢制御、検索画面の刺激（文字サイズ、輝度、配色）は評価対象外の条件であるので、人間工学的に適正であることを示す必要がある。また、実験参加者に作業時間や休憩の有無、実験参加者は自らの意思で作業を中断できることも説明し、了解を得る必要がある。さらに、エラーの発生は実験参加者の責ではないことを説明し、作業時の精神的負荷をできるだけ排除する。

2.5.2 観察調査に関する論文

2.5.2.1 医療現場における情報共有—フィールド観察調査を通じたIT化の役割と課題—[6]

アブストラクト：

医療現場を対象として、作業チームの情報共有のあり方とIT化の役割を分析し課題を抽出するために、フィールド観察調査を実施した。発話、インタビュー結果および行動記録のそれぞれについて分析した結果、指示、状況把握、教育については会話が中心であり、パソコンやタブレットなどのICT(Information Communication Technology: 情報通信技術)はあくまでも情報伝達の手段であることがわかった。一方で、世代によってはICTの使用と業務遂行を同一視する傾向があり、ワークフローの中でのICTの位置づけの重要性が明らかになった。

倫理的に配慮すべきポイント：

この研究概要から推測できる倫理的に配慮すべきポイントで最も重要なことは、データの管理である。患者情報、対象者の発話から得られるチーム内個人情報、映像に映りこむ様々な看護情報や患者の家族情報などは多くのステークホルダーが関係するデータであるため、その管理の仕方について、直接説明できる調査協力者には直接説明し、説明がしづらい患者やその家族に対しては張り紙等によって周知することが重要である。もちろん、病院から実験を行うことを事前に説明することは必須である。

また、観察調査とはいっても、調査対象者には何らかの負荷がかかってしまうため、その内容および負荷の程度を事前に説明し、了解を得る必要がある。さらに、この現場では医療・看護の実施が最優先事項であるため、緊急時の医療チームの動線確保がきちんとなされていることも説明する。

2.5.2.2　ソフトウェア技術者がユーザビリティ向上に取り組む上での課題の考察—人間中心設計プロセス支援環境の検証実験を通じて—[7]

アブストラクト：

筆者らはシステムのユーザビリティを高めるためにシステム開発プロセスに人間中心設計(HCD)の考え方を組み合わせた支援環境を構築し、その効果を実際のソフトウェア技術者を対象にして実験的に検証した。その結果、ユーザビリティ技術者が通常行っているHCDの活動の一つである「利用状況の把握」にソフトウェア技術者がすぐに対応できていないことがわかった。また、「利用状況の把握」が体系づけられていないため、ソフトウェア技術者は具体的に何をすべきことなのかを理解せずに行っているということもわかった。

倫理的に配慮すべきポイント：

この研究概要から推測できる倫理的に配慮すべきポイントは、「すぐに対応できていない」「理解せずに行っている」といった対象者に責任があるような表現に対して、対象となったソフトウェア技術者が、①自分の能力が評価されているのではないことを事前説明の上了承していること、②その結果が上司に伝えられたときに本人の評価に不利にならないよう文書で合意していること、③ユーザビリティ技術者とソフトウェア技術者がお互いに個人を特定できないようになっていること、である。これらはどれも重要であるが、②と③は通常業務における人間関係に影響を及ぼすため、特に慎重に対応する必要がある。

2.5.3　製品評価に関する論文

2.5.3.1　未来型車いすの試乗評価研究[8]

アブストラクト：

近年、高齢者や障害者の移動を効果的に支援する政策の構築は重要な課題である。国内では、景気後退や公共交通事業の衰退が生じているため、基盤整備に止まらず移動支援機器の高質化により障壁克服を行うという逆転の発想も重要である。その一環で本研究では、階段昇降や段差克服を可能にする高機能車いすを下肢障害者4名に試用してもらい、都市生活シーンでの試用評価を実施した。なお、移動時には研究者が常に付き添った。併せて、下肢障害者や行政・事業者にその効果的活用に向けた課題等を尋ねた。さらに、障壁克服を実現する上で生活者側が持つ移動支援機器の高質化とその効果的な活用に対する政策的な志向も社会調査を通して明確にした。その結果、今回の高機能車いすの日常的な都市生活シーンでの有用性が実証された。

倫理的に配慮すべきポイント：

本研究では、研究者が用意した階段昇降・段差克服が可能な新しい高機能車いすの試作機を試用してもらうので、安全性が完全担保されているとは言い難い。ゆえに、研究計画書を開示しつつ研究の目的と目標を明確に説明した上で、研究協力に対する任意性の保証と常時の撤回の自由が約束されている点、研究方法・研究協力事項、研究協力者にもたらされる利益および不利益、個人情報の保護等について事前に説明して合意を結ぶ必要がある。また、試用した方への評価調査も含め、研究終了後のデータ取り扱いの方針、協力者への結果の開示および研究成果の公表方法、当該研究で生じる知的財産権の帰属についても合意しておく必要がある。

2.5.3.2　電動で超低床なノンステップバス（公共交通車輌）の試乗評価研究[9]

アブストラクト：

高齢者や障害者の増加に伴い、地域密着型移動手段として路線バスが見直されつつある。ただし、エンジン式の大型ノンステップバスは、総じて従来型のリヤエンジン式のツーステップバスの技術を援用している。ゆえに、現状のノンステップバスには後部を中心に段差があり、多客時の対応も難しい。この喫緊の課題を前提にし、筆者は国内初の電動フルフラットバスの試作開発を実施した。そして、372名の被験者に試乗してもらい、電動フルフラットバスの都市生活シーンでの有用性評価を実施した。その結果、バス利用者、バス運行事業者の双方の視点から車輌の有用性が実証された。また量産に向けて必要な知見も得ることができた。

倫理的に配慮すべきポイント：

本研究は、電動で車内がフルフラットなバスの試作機を公道で走行させ、被験者に試乗してもらうという内容である。公道を走行するので、白ナンバーを取得する必要がある。そのために、ナンバーを交付する地方運輸局が指定する仕様で実験する電動バス車輌を仕立て、公道走行に耐えうるよう配慮する。実験参加者への同意書には、座席の固定方法や自動車専用道走行に関わるシートベルトの有無等、乗車中の安全性に関わる配慮をまとめて含めておいた。また、試乗者に車酔いをはじめとした体調不良が生じることも想定される。ゆえに、研究計画書を開示して研究の目的と目標を明確に説明し、研究協力に対する任意性の保証と常時の撤回の自由が約束されている点、研究方法・研究協力の事項、試乗をする協力者にもたらされる利益および不利益、個人情報保護等について事前に説明し合意を結ぶ。

併せて、バスを運転する大型2種免許保持のドライバーとその雇用者に対しリスクを説明して、責任を大学研究者との間で分けておく倫理的配慮も必要である。基本的には研究者の所属する大学の保険を適用してリスク対策を行う等の合意をし、それについて試乗者にも説明できるようにしておく。さらに、モーター等のトラブルで車輌が公道で停止してしまったとき等の別の移動手段の確保も想定しつつ、実験参加者の安心と安全を担保する方向で研究を進めていく必要がある。

2.5.4 質問紙調査やフィールド調査に関する論文

2.5.4.1 自動運転方式の病院内搬送車輌の研究[10]

アブストラクト：

近年、移動や物流の分野では、世界的にエコデザインとユニバーサルデザインの同時並行的推進が喫緊の課題である。その一環で、排ガスと騒音が出ない電動車を公共建築物の中に乗り入れさせて、モビリティとホスピタリティを同時に向上させるニーズが高まっている。筆者は本動向を受けて、高齢社会化を見据えて病院内の患者移動を支援することで、医療従事者と患者の双方の負担軽減と、ケア提供環境の質的向上を目指してきた。本研究では病院内で働く医師や看護師、検査技師、事務員にモビリティに関わる改善ニーズについて質問紙調査を行った。そして病院スタッフのニーズを反映させた自動運転機能付き患者移動支援車の試作開発を行い、検証と評価を進めた。その結果、概ね病院内でうまく機能することを実証できた。

倫理的に配慮すべきポイント：

本研究では、病院内で働く医師、看護師、検査技師、事務員に質問紙調査を実施している。回答者の個人情報の保護に配慮するとともに、質問紙への回答により患者が特定されることを避けてもらうように十分な注意が必要となる。また、院内モビリティのニーズやアイディアを回答しても、それ自体には知的財産権が派生しないことを事前合意しておく必要がある。

自動運転機能付き患者移動支援車は、開発の事例がない車輌である。ゆえに、研究計画書を開示し研究の目的と目標を明確に説明して、研究協力に対する任意性の保証と常時の撤回の自由が約束されている点、研究方法・研究協力の事項、研究協力者にもたらされる利益および不利益、個人情報の保護等について事前に説明して合意を結ぶ必要がある。併せて、病院という不特定多数の人が行きかう場所が実験フィールドになるので、病院内に実験の詳細を告知するポスターを掲示し、試乗を行わない患者へのリスクや注意点も付す必要がある。また、試用中に緊急のアクシデントが起こった際の連絡先周知の徹底も不可欠である。

さらに、試乗した方への評価調査も含め、研究終了後のデータ取り扱いの方針、協力者への結果の開示および研究成果の公表方法、当該研究で生じる知的財産権の帰属などについても事前に説明を行って、合意しておく必要がある。

2.5.4.2　鉄道車輌を走るスーパー（買い物列車）に仕立て実証評価を行った研究[11]

アブストラクト：

筆者は、2021年度に伊豆急行株式会社の沿線で買い物難民になっている高齢者や障害者、子育て中の親等を救済する目的で、動くスーパー：買い物列車を実証運行した。買い物列車を店舗やスーパー等が極めて少ない、または存在しない駅に40分〜60分程停車させ、その間に生活者が自由に車内で買い物できるようなシステムである。

ローカル鉄道の駅周辺では、買い物ができる施設自体が極めて少なくなっている。その点をふまえて、地域の拠点として認知されている鉄道の駅に着目し、そこで実際に買い物できる環境を整備した。これにより、通信販売では実際に商品を手に取って見られないという不満の解消、街道沿いの大型店舗に行くことが難しい層の救済等が可能になり、生活者から高い評価を得られた。併せて鉄道事業の収益向上、ローカル私鉄の経営維持にも資するアイディアであり、あらゆる人の買い物支援と鉄道事業維持を両立的に推進する方策で社会的にも優れていることが、買い物に来た方々への質問紙調査から実証された。

倫理的に配慮すべきポイント：

本研究は、買い物難民になりつつある高齢者を支援するために、列車を動くスーパーに仕立てる研究である。ゆえに、駅に停車中の列車内での研究活動とはいえ、別の列車との衝突や踏切でのトラブル等、可能性は低くとも鉄道ならではのリスクが存在する。また駅での段差による怪我等も想定して、それを前提に買い物実験に参加してもらえるように同意書へサインをしてもらうようにした。万一の怪我の際には、研究に関わる保険から費用を支出する旨等も記した。さらに、販売する食品等から発生する万一の食中毒のリスク等も検討して、同意書で説明し合意しておく必要がある。新型コロナウィルスCovid-19への対策も体温計測や消毒液散布等で万全に実施した。

また、協力者への結果の開示および研究成果の公表方法についても事前に説明を行い、合意しておく必要がある。この場合、伊豆急行株式会社と東京都市大学（筆者の西山が勤務）のコラボレーションのため、鉄道会社と実験する大学との責任分担を明確化し、事前に同意書に含めた。その上で、質問紙調査やインタビュー調査で本実験の評価データを得て、データを個人が特定されない形にて公開する旨も協力者に説明し実施した。

2.6 社会の中における研究と研究倫理の例―ロボット研究を例として―

これまでに紹介した事例のように、今後の研究は実験室などの中にとどまらず、社会の中で実施されるものが増えていくと考えられる。ここでは社会の中で実施する研究倫理について、ロボット研究を例に解説する [12]。

2.6.1 背景

国際連合教育科学文化機関(United Nations Educational, Scientific and Cultural Organization: UNESCO)と国際学術連合会議(International Council for Science: ICSU)の共催で、1999年にハンガリーの首都ブダペストで世界科学会議(World Conference on Science)が開催された。科学が直面する諸問題について、産官学民、様々な立場の人が一堂に会し、共通理解を深めるとともに今後の戦略的な行動について討議され、「科学と科学的知識の利用に関する世界宣言(DECLARATION ON SCIENCE AND THE USE OF SCIENTIFIC KNOWLEDGE[13])」（以下ではブダペスト宣言）が採択された。そこでは科学の責務として、「知識のための科学：進歩のための知識」、「平和のための科学」、「開発のための科学」に加え、「社会における科学と社会のための科学」が宣言されている。

本稿の主要なテーマであるロボットは、わが国では長年にわたる研究開発が活発に行われきており、既に様々な場面で活用されている。また、昨今の「ロボット新戦略[14]」の公表（2015年）により、ますます関心を集めている。この「ロボット新戦略」でも「世界一のロボット利活用社会を目指し、日本の津々浦々においてロボットがある日常を実現する」ことが一つの柱として掲げられており、このようなロボットは、まさに、ブダペスト宣言における「社会における科学と社会のための科学」の具体的な事例の一つであり、社会の中で社会の役に立つために、今後も活発な研究開発が期待されている。

社会の中におけるロボットの研究領域は、これまでの実験室内での基礎研究や、工場などの限定された動作環境における応用研究とは異なり、誰が、どこで、どのように活用するのか予測が難しい複合的な要因を持つ新しい研究・応用領域であるとも言える。このため、受容する社会側の制度や規制などが十分に整備されている状況ではなく、特区制度などを活用した実証研究が実施されている。例えば2011年から進められた「つくばモビリティロボット実験特区」では、公道上の走行が認められていなかった搭乗型モビリティロボットを実験的に公道上で走行させ、そこで必要となる社会システムの構築が試みられた。その成果が認められ、2015年7月から関係法令等が改正されて全国で実証事業等が実施されるようになり、その後も継続的な議論が行われている。

このような新しい研究領域において制度や規制が整備されていない状況では、誰もが自由な研究活動等を実施していいというわけではなく、研究実施者自身の倫理観に基づく制限が期待されるとともに、研究実施者だけに責任が集中しないよう、研究活動の倫理性を客観的に担保する制度の整備も必要である。本稿では、このような社会の中でのロボット研究における倫理について、以下、ロボットについて概観した後、工学分野全般における倫理について述べ、それらをふまえてロボット研究における倫理の現状を整理する。

2.6.2　ロボットとは

ロボットという言葉は様々な文脈の中で用いられ、その定義も多様である。ここでは、3つの要素、すなわち（1）物理的に作用する力を発生する仕組み（例：アクチュエータ）、(2) まわりの環境と自分自身の物理的状態に関する情報を取得する仕組み（例：センサ）、(3) 取得した情報と自身の内部状態から、自身が発生する物理的な力を決定する仕組み（例：コンピュータ）を持つものをロボットとして扱うこととする。

これまでは、人間よりもロボットの方が効率よく作業ができる領域、人間が近づくことが危険、あるいは困難である領域に対してロボットが適用されてきた。例えば、工場や物流現場などの産業現場、あるいは宇宙や深海、災害現場などである。このような場面では、人間とロボットは空間的に隔てられており、ロボットが直接的に人間に危害を加えることがない。このため、特に産業現場においてはロボットの要素技術の進歩とともに、その応用技術も大きな発展を達成してきた。

これに対して、多様な空間を人間と共有し、ともに作業をしたり、直接的あるいは間接的に人間に対して作用したりするロボットの研究開発が進められており、近年、製品として我々の生活の中で利用されるようになってきたものもある。このようなロボットの場合は、様々な環境の中で、多様なユーザが、それぞれに異なる目的で活用するため、社会に対する影響について幅広い考察が求められることになる。

特に人間の生活を支援するロボット（生活支援ロボット）の場合は、人に対する安全性が重要な課題であるため、国立研究開発法人新エネルギー・産業技術総合開発機構(NEDO)生活支援ロボット実用化プロジェクト等で検討が進められてきた。その成果を活用して代表的な3つのタイプ（装着型(physical assistant robot)、移動作業型(mobile servant robot)、搭乗型(person carrier robot)）の生活支援ロボットに関する国際安全規格ISO13482が2014年2月に発行され、本稿執筆時点（2022年12月）で20製品が認証を取得している。

2.6.3　工学分野における研究倫理

工学分野の研究の特徴として、研究活動そのものによって周囲に与える影響だけではなく、研究成果となる工学技術、あるいは産業製品などを通じて、空間的、時間的に離れたところに間接的に与える影響についても考慮する必要がある。近年では、様々な工学系の学協会においても倫理綱領が作られているが、少なからずStephen H. Ungerの工学倫理[15]の影響を受けていると考えられる。その著書で提案されたモデル倫理綱領では、4つの大項目（社会、専門性、雇用者と顧客、会社の仲間）に分けて、エンジニアの責務が述べられている。

一般社団法人日本ロボット学会でも2014年に倫理綱領[16]が制定されている。そこでは、会員の行動指針として下記3項目の行動指針

・健全な社会の実現と維持のための科学技術を追求する
・適切な社会規範に常に従い公平で公正な活動を行う
・自分自身の研鑽を怠らず周縁の啓発向上に貢献する

を旨とした9項目の倫理綱領（社会的責任、公正な活動、社会規範・法令の遵守、公平性の確保、自己の研鑽と向上、他者との協力と尊重、研究対象の保護、活動環境の整備、教育と啓発）が制定されている。

企業の社会に対する責任については、国際規格ISO26000で7つの原則（説明責任、透明性、倫理的な行動、ステークホルダーの利害の尊重、法の支配の尊重、国際行動規範の尊重、人権の尊重）が規定されている。社会責任への対応については、7つの中核主題（組織統治、人権、労働慣行、環境、公正な事業慣行、消費者課題、コミュニティへの参画）への対応状況をISO26000対照表として公開し、それに基づくアクションプランを作成して対応している企業もある。研究活動とは直接的に関係しない部分もあるかもしれないが、研究成果の社会実装をふまえ、社会責任を意識しておく必要がある。

直接的に人と関わる工学技術においては、医学的研究における研究倫理[17]も参考にできる。その一般原則としては(1)人権尊重、(2)最善、(3)公

正の3点が挙げられている。人権尊重の原則では、対象者が一人の人間として扱われることの重要性が、最善の原則では、科学的に妥当な研究を行うことや対象者のリスクに見合う成果が得られるための努力の必要性、公正の原則では、不利な立場にある人への配慮、研究参加機会の平等性が指摘されている。このような医学的研究の倫理に加えて医薬品、医療機器の開発における倫理的課題として、企業がスポンサーとなり、真の目的がマーケティングであるようなエビデンスレベルの低い研究はSeeding trials[18, 19]と呼ばれ、そのような研究を人を対象に実施することは倫理的な課題があると指摘されている。

医薬品、医療機器に限らず、人を対象とする産業製品においては、Seeding trialsと同様に、真の目的が隠され、マーケティング活動と区別しがたい研究が実施され、被験者となる人々に不要な負担をかける可能性がある。研究者個人の倫理観だけではなく、研究機関あるいは企業としての社会的責任を自覚し、このような研究が行われないようにすることが必要である。

研究成果を活用するユーザへの情報提供についても、研究者自身が倫理的にふるまう必要がある。有名な事例として「神経神話(Neuromyth)」に関する経済協力開発機構(OECD: Organization for Economic Cooperation and Development)の報告[20]がある。この報告では、脳や神経にまつわる根拠のない神話が広まってしまうことに警鐘を鳴らしている。

日本神経科学学会「ヒト脳機能の非侵襲的研究」に関する倫理小委員会でも、「ヒト脳機能の非侵襲的研究」の倫理問題等に関する指針[21]が作成され、その中では、研究行為自体の倫理性だけでなく、研究成果の社会への影響について「非侵襲的研究の目的と科学的・社会的意義」という章を設け、一般社会に不正確あるいは拡大解釈的な情報が広がることの懸念、成果を社会がどのように受け取るのかを考慮し、最終的にどのような形で社会に出ていくのかを考慮することの必要性などが述べられている。

2.6.4 ロボットと倫理

ロボットの研究開発においても、その研究行為自体の倫理性だけではなく、研究成果が社会に及ぼす影響についても十分に意識しながら活動する必要がある。特に社会の中でのロボットの研究においては、研究行為・研究成果ともに、社会にどのような影響があるのか、まだ十分に明らかになっていない。ここでは、ロボットと倫理に関するいくつかの先行事例を述べ、関連する倫理的項目について議論する。

デンマークの政府機関であるDanish Council of Ethicsでは、人と機械を密接に関係づける新しい知的技術に関する議論を開始し、2009年に2つの声明文“Recommendations concerning Cyborg Technology” [22]と“Recommendations concerning Social Robots” [23]を採択した。前者では、サイボーグ技術として脳や中枢神経系から得られる信号を解釈して活用すること、あるいは逆に、外部から脳や中枢神経系に影響を与えることについて、その現状と技術的可能性、そして倫理面が議論されている。サイボーグ技術は、人間の能力を修復・補完するケース、つまり治療や回復の手段として用いる場合と、増進や強化のための手段として用いる場合がある。そして、治療や回復の手段として用いることにメリットがあるという意見は一致しているが、増進や強化のための手段として用いることに対しては様々な意見があることが述べられている。

後者では、ソーシャルロボットがどのように生活に取り込まれていくのかや、ロボットの外見がより人に近づいた場合、ロボットの知能が想定以上に進化した場合などについて議論されている。また、介護などの分野への適用には肯定的な見解であるが、人と人との会話、ふれあいなどを代替するのではなく、それらを人間が実施する余裕を作るためにロボットが活用されるべきと主張されている。さらに、ロボットに学習機能がある場合には、学習の結果として獲得されたロボットの行動に対し、安全を確保するための方策などが必要であることも指摘されている。ソーシャルロボットによるユーザ情報の取得についても議論され、外部ネットワークへのアクセスへ制限の必要性とともに、その有用性についても触れられている。

ヨーロッパで実施された研究プロジェクトRobolawでは、4つのカテゴリ (Self-Driving Car/Computer integrated surgical systems/Robotic prostheses/Care Robots) について議論し、Guidelines on Regulating Robotics[24] が作成された。各カテゴリについての技術的なオーバービューに加え、倫理的な解析、法律的な解析がまとめられている。例えば自動運転自動車について、“trolley paradox”（トローリ問題、トロッコ問題）と呼ばれる正解のない“no win scenario”の議論などが述べられている。すなわち暴走したトロッコが進む先に分岐点があり、片方には多くの人が、他方には1人の人がいるために、どちらに進んでも犠牲者が出てしまう場合に、どちらを選ぶべきであるのかといった議論が紹介されている。また、ロボットの倫理に関する書籍[25]も出版されており、ロボットが社会に入ったときの倫理的課題について、設計、応用（軍事、医療、介護など）、法律などについて議論されている。

また、近年、飛行能力を持つロボットとして利用可能な無人航空機（ドローンなど）を使用した研究が増えており、研究を実施する上では、その倫理面を十分に認識しておく必要がある。平成27年度の航空法一部改正により、無人航空機の飛行に関する基本的なルールが定められたのを受け、国土交通省航空局から「無人航空機（ドローン、ラジコン機等）の安全な飛行のためのガイドライン」[26]が発行されている。法令遵守はもとより、周辺の人への影響を考慮し、倫理的にふるまう必要がある。無人航空機を積極的に活用しようとするジャーナリズムの分野では、先行して倫理規程[27]を作成する動きもある。

社会の中でのロボット活用の研究では、そこに暮らす人々にとって身近な社会問題の解決が課題となることも多い。その場合には、社会システムの中にロボットシステムを組み込み、関係する人々とともに社会問題を解決することになる。研究活動の実施者として関係者を巻き込む場合もあるため、研究の目的や内容を関係者に周知するなど、研究の客観性についての配慮が必要である。発展途上の研究領域であるため、既存のエスノグラフィーやアクションリサーチの手法などを参考に、新たな研究領域としての方法論の体系化が必要である。

2.6.3項のSeeding trialsや神経神話の話で述べたことは、ロボット研究においても同様である。被験者を欺き無用な負担をかけるような研究は慎まなければならない。また、ユーザに対する情報提供にも注意を払わなければ「ロボット神話」と呼ばれてしまうような科学的根拠に乏しい話が広まってしまうことも懸念される。医薬品、医療機器のような厳密な法規制まで必要であるかについては議論が必要であるが、少なくとも、人の健康などに影響するヘルスケア関連分野においては、ロボットの与える影響についての慎重な情報提供が望まれる。これは、最終製品としてのロボットだけではなく、研究段階のロボットについても同様である。

研究活動の直接的な影響に関する倫理面については、その研究内容に応じて、「人を対象とする生命科学・医学系研究に関する倫理指針」[28]、「人を対象とする人間工学研究の倫理指針」[29]、「日本心理学会倫理規程」[30]などを参考にすることができる。その倫理性については、倫理審査委員会など、第三者により客観的に確認されることが望ましい。わが国では倫理審査委員会として、各研究機関等の施設倫理委員会を活用することが多いが、近年では、外部機関による審査の受託も増えてきているので、委員会を持たない企業なども研究に参画しやすくなってきている。

研究においては、市販前の試作品による実証試験を実施することも考えられる。その際、第三者による実証試験計画の確認が望ましいのはもちろんのこと、実証試験の安全性にも十分な配慮が求められる。特に多様な動作を行うロボットが持つ危険性や、目に見えない電磁波、化学物質などの影響はユーザ側では判断できないと考えられるので、実証試験実施者側で十分に確認し、どのような危険性が残っているのか、ユーザ側へ情報提供することが必要である。

社会の中でのロボット研究はまだ発展途中の新しい領域であるため、研究に携わるすべての人、すなわちロボットを作る人だけではなく、ロボットを使う人々も交え、研究行為自体の影響だけではなく、研究成果の社会的な影響についても想像力豊かに議論していくことによって、この分野をさらに発展させていくことができると考える。

2.7　演習問題

演習1　人に関する研究倫理において、最も重要なことは何ですか？

演習2　データ収集のための感覚刺激において、考慮すべき倫理的事象を挙げてください。

演習3　感性評価実験を行う上で考慮すべき倫理ポイントを5つ挙げてください。

参考文献

[1] 厚生労働省，文部科学省，経済産業省：「人を対象とする生命科学・医学系研究に関する倫理指針」，2022.

[2] Emanuel EJ, Wendler D, Grady C.: What makes clinical research ethical ?,*JAMA*; Vol.283, pp.2701-2711.

[3] Emanuel EJ, Wendler D, Killen J, Grady C.: What makes clinical research in developing countries ethical ? The benchmarks of ethical research.*J Infect*, Vol.189, pp.930-937, 2004.

[4] 福住伸一，渡邊伸行，神宮英夫，太田裕介，笠松慶子，谷川由紀子：画面配色パターンが作業者に与える影響―NIRSを用いた分析―，第14回情報科学技術フォーラム，第3分冊，pp.313-314，2015.

[5] Fukuzumi, S., Ikeda, K. and van Nes, F.: Study on validity of visual performance and comfort test using Japanese characters, Displays:*Technology & Applications*, Vol.23, No.5, pp231-238, 2002.

[6] 福住伸一，南部美砂子，谷川由紀子：医療現場における情報共有―フィールド観察調査を通じたIT化の役割と課題―，ヒューマンインタフェースシンポジウム2015, pp.479-484，2015.

[7] 谷川由紀子，大久保亮介，福住伸一：ソフトウェア技術者がユーザビリティ向上に取り組む上での課題の考察―人間中心設計プロセス支援環境の検証実験を通じて―、HIシンポジウム2013，pp.167-170，2013.

[8] 西山敏樹，瀧内冬夫，安藤薫子，有澤誠：高機能車いすを用いたユニバーサルな移動環境の構築戦略の研究，『計画行政』，Vol.31，No.3，pp.45-50，2008.

[9] 西山敏樹，野田靖二郎，清水浩：大型電動低床フルフラットバスの都市内での検証・評価研究，『計画行政』，Vol.36，No.1，pp.47-53，2013.

[10] 西山敏樹，三村將：自動運転機能を伴った患者移動支援システムの研究，『イノベーション融合ジャーナル』，Vol.1，No.1，pp.37-46，2016.

[11] 小山田祥，二宮伊真里，松本和樹，西山敏樹：鉄道車両を移動式スーパーに仕立てあげた“買い物列車”に関する評価と考察，『ヒューマンインタフェースシンポジウム2022論文集』，2022.

[12] 梶谷勇：社会の中のロボット研究における研究倫理，『ヒューマンインタフェース学会誌』，Vol.18，No.2，pp.106-109，2016.

[13] World Conference on Science: DECLARATION ON SCIENCE AND THE USE OF SCIENTIFIC KNOWLEDGE, 2011.

[14] ロボット革命実現会議：ロボット新戦略，2015.

[15] Stephen H. Unger:*Controlling Technology: Ethics and the Responsible Engineer*,

John Wiley & Sons, 1994.

[16] 日本ロボット学会倫理綱領
https://www.rsj.or.jp/info/compliance/ethics.html（2022.12.7閲覧）

[17] Stephen B. Hulley*et al.*: 『医学的研究のデザイン 第2版』（木原雅子，木原正博訳），メディカル・サイエンス・インターナショナル，2004.

[18] Kevin P. Hill*et al.*: The ADVANTAGE Seeding Trial: A Review of Internal Documents,*Annals of Internal Medicine*, Vol.149, No.4, pp.251-258, 2008.

[19] 齊尾武郎：Seeding trialの発見とPROBE試験の危うさ,『臨床評価』, Vol.37, No.2, pp.517-522，2010.

[20] OECD: Neuromyth 1
https://www.oecd.org/education/ceri/neuromyth1.htm（2022.12.7閲覧）

[21] 日本神経科学学会「ヒト脳機能の非侵襲的研究」に関する倫理小委員会：「ヒト脳機能の非侵襲的研究」の倫理問題等に関する指針.
https://www.jnss.org/wp-content/uploads/2012/02/rinri.pdf（2022.12.7閲覧）

[22] Danish Council of Ethics: Recommendations concerning Cyborg Technology, 2009.

[23] Danish Council of Ethics: Recommendations concerning Social Robots, 2009.

[24] Guidelines on Regulating Robotics.
http://www.robolaw.eu/RoboLaw_files/documents/robolaw_d6.2_guidelinesregulatingrobotics_20140922.pdf（2022.12.7閲覧）

[25] Patrick Lin, et al.: ROBOT ETHICS, MIT PRESS, 2012.

[26] 国土交通省 航空局：無人航空機（ドローン, ラジコン機等）の安全な飛行のためのガイドライン.
https://www.mlit.go.jp/common/001303818.pdf（2022.12.7閲覧）

[27] A Code of Ethics for Drone Journalists.
https://paperwriter.com/dronejournalism-org（2022.12.7閲覧）

[28] 文部科学省，厚生労働省：人を対象とする医学系研究に関する倫理指針，2014.

[29] 日本人間工学会：人間工学研究のための倫理指針，2009.

[30] 日本心理学会：日本心理学会倫理規程，2011.

第3章

人を扱う研究倫理に関する取り組み

この章では、人を扱う研究における倫理的な課題への具体的な取り組みとして、次に示す4項目に分けて紹介する。

・指針や法規制類の整備
・対象者の権利の保護
・安全への配慮
・研究計画の審査

また、倫理的な課題に関する典型的な問いとそれに対する回答や解説も多数掲載する。

3.1　人を扱う研究・開発・実務に関する指針・法規制類の整備

第1章でも述べたが、人を扱う研究・開発・実務における倫理的な課題に対しては、歴史的な議論を積み重ねて考え方が形成されてきた。例えば、第二次世界大戦中の人体実験に対する軍事裁判を経て作成されたニュルンベルク綱領（1947年）[1]では、その再発防止のために実験などへの参加における自発的な同意の必要性などが記されている。さらに1964年に世界医師会が策定し繰り返し改訂されてきたヘルシンキ宣言[2]では、人を被験者とする研究の必要性を認めつつ、被験者への配慮が科学的・社会的な利益よりも優先されることが示され、インフォームド・コンセントの取得や研究計画の事前審査が求められた。このような国際的な動向に対応するために、国内でも医学系の領域が先行する形で整備が進められてきた。なお、当時の医学系研究領域でも順調に受け入れられたわけではなく、例えば文献[3]には「黒船」といった表現が用いられているように、かなりの混乱があったと想像できる。

国内での整備状況としては2001年に「ヒトゲノム・遺伝子解析研究に関する倫理指針」[4]が、2002年に「疫学研究に関する倫理指針」[5]が、2003年に「臨床研究に関する倫理指針」[6]が施行された。その後の研究内容の多様化により、臨床研究と疫学研究の境界領域における研究が活性化してきたことなどを受けて、2014年に臨床研究と疫学研究の2つの倫理指針を統合した「人を対象とする医学系研究に関する倫理指針」[7]が、さらに2021年には「ヒトゲノム・遺伝子解析研究に関する倫理指針」とも統合した「人を対象とする生命科学・医学系研究に関する倫理指針」[8]が施行された。

人を対象とする医学系の介入研究のうち、医薬品・医療機器の承認申請を目的とする研究は治験と呼ばれ、「医薬品、医療機器等の品質、有効性及び安全性の確保等に関する法律」によって規定されている。治験に該当しない臨床研究は、倫理指針に基づいて実施可能であったものの、2018年に、特に企業との共同研究や未承認医療機器などに関する臨床研究について、不正防止や質の担保に向けた手続き等を規定した「臨床研究法」が施行された[9]。

これらの規制類改正の動きの中では、研究対象者らを保護することはもちろん、過去の研究不正事案に起因する、研究活動に対する社会からの信頼回復が重視されている。このため、研究不正の防止や研究の質を担保するための手続きが規定され、その手続きの一つとして、ヘルシンキ宣言の説明で述べた研究計画の事前審査も位置づけられている。

人を対象とする研究では個人に関わる情報を取り扱うことも多いため、2017年に施行された改正個人情報保護法や、2018年に施行された「医療分野の研究開発に資するための匿名加工医療情報に関する法律（次世代医療基盤法）」[10]なども確認しながら研究等を進める必要がある。

人を対象とする非医学系の他領域での活動としては、日本生活支援工学会が、2006年度より福祉用具・福祉機器の研究開発における臨床試験の倫理審査について実態調査や体制整備の活動を進め、現在では倫理審査の受託事業を実施していることが挙げられる[11]。また、規程類の整備としては、2009年に日本心理学会が倫理規程を、日本人間工学会が「人間工学研究のための倫理指針」を策定して公表し、2020年には「人を対象とする人間工学研究の倫理指針」[12]を公表した。また、自動車技術会は2012年に「人を対象とする研究倫理ガイドライン」を発行している[13]。

3.2 対象者の権利の保護

人を扱う研究・開発・実務においては、対象者の権利を保護することも求められるが、分野ごとに考えるべきことが異なるという点に注意が必要である。例えば医学的な研究において、病院診療等の現場で実施される臨床研究であれば、そこで行われる行為が通常の診療行為であるのか、研究のための特別な行為であるのかを明確に区別し、対象者に誤解を与えないことが重要である。例えば、1978年に米国の「生物医学・行動学研究における被験者保護のための国家委員会」によって作成されたベルモント・

レポート[14]では、「A. 診療と研究の境界」の中でこの点が指摘されており、診療行為の中に実験的な要素が入る「革新的な診療行為」があることも認めつつ、その安全性や有効性を確認するために、早期に研究の対象とし、研究計画の審査を受ける必要性が指摘されている。なお、昨今の臨床研究では、臨床研究コーディネータなど主治医らとは別の人が関与することで、誤解を与えないように工夫されている。

製品開発等の研究で、試作品や製品のユーザビリティを評価するために企業の研究室などに被験者を集めて実施する場合は目的が明確であり、被験者が誤解して参加する可能性は小さい。注意すべきなのは、例えば社員を被験者とする場合に、本人の自発的な参加であることが担保され、参加したくない場合に断ることが可能であるのかどうかである。

これに対して、このような議論が十分に行われていない領域もある。例えば介護・福祉や教育の現場、あるいは会社内での業務改善の場では、実践的な活動（日々のケアや教育、業務改善など）と研究的な活動の区別が明確ではない場合があり、対象者に十分な情報が与えられないままに、研究的な活動に参加させられているケースも見られる。実践的な活動の場合、対象者は本人らに関する何かの改善が見られることを期待し、本人たちが直接的な受益者となる。例えば自分が使う用具などの使い勝手が良くなることや、自分の生活の向上、知識の獲得、作業の改善などである。それに対して研究では、自分自身に関する改善等を期待せず、他者に関する改善のために協力するだけの場合や、それらが混在する場合もある。また、研究であることを認識していても、自分だけのための特別な研究であるのか、一般的な知見を得るための研究であるのかを明確に理解できず、対象者が過剰な期待を持って研究に参加する場合もある。

このようなことから、対象者の権利の保護のため、前述したヘルシンキ宣言の改訂の中でインフォームド・コンセントの取得が明示的に記述され、その後、さらにベルモント・レポート[14]の中で、その構成要素が詳しく述べられている。すなわち、単に説明をして同意を得るだけではなく、同意のプロセスも重要ということである。同意のプロセスには「情報」「理解」「自発性」の三要素があるとされている。「情報」とは、対象者が研究への参加に同意するかどうかを判断するために十分な情報である。「理解」

には、対象者本人の理解力だけではなく、「情報」が伝えられる方法なども影響するため、適切な手段や方法で伝えて理解してもらうことや、対象者の「理解」を確認することも含まれる。「自発性」は、研究への参加の同意は自発的になされた場合のみ正当な同意とみなされる、ということである。

このようなインフォームド・コンセントの取得のために、例えば倫理指針[8]の中には説明すべき21項目が明示されている。ただし、説明すべき項目が多くなりすぎると、本来の趣旨に反して対象者が理解しにくくなったり、インフォームド・コンセントの取得プロセスが形骸化してしまったりすることも危惧される。したがって、適切な説明の量と手段の工夫が必要であるものの、明確な基準が示されているわけではないため、研究分野などの特性を考慮して学会などが基準を示すことが望まれる。

昨今では、電子的な手段を用いて説明して同意を得る方法も活用できるようになってきた。紙の文書だけの場合よりも電子的な手段を工夫して活用することで、対象者の特性に応じて適切な量や手段で情報を提示し、理解を確認しながら同意のプロセスを進めることが期待できる。

なお、インフォームド・コンセントの取得に際して、自発的な同意であることだけにとらわれて一方的に説明し、「後は自分で決めてください」と突き放してしまうのは不適切である。ここで述べたように、単に説明して同意を得るだけではなく、対象者とのコミュニケーションを通じて理解してもらった上で判断を仰ぐことも、忘れてはならない点である。

Q&A

Q　認知症の人に対する研究の場合、同意は代諾者でよいでしょうか？

A　本人による同意が原則ですので、安易に代諾者による同意で済ませるべきではありません。本人の同意能力に制限がある場合であっても、可能な限り本人に理解しやすい説明を心がけ、賛意を得る努力をするようにしてください。例えば代諾者が同意しているからといって、本人が明確に拒否を示す場合には、実験参加は認められません。「人を対象とする生命科学・医学系研究に関する倫理指針 ガイダンス」[15]の「第9　代諾者からインフォームド・コンセントを受ける場合の手続き等」を参考にしてください。

Q&A

Q　インフォームド・コンセントは、とりあえず署名で同意をもらう計画にしておけば後で楽になるようですが、それでよいですか？

A　研究内容に応じて適切な同意の取得方法を採用すべきです。

ただし、必ずしも丁寧な同意手続きであるほどいいというわけではなく、同意する側の負担も考える必要があります。著者の経験では、高齢者施設職員に対する低リスクな調査において、すべての対象者から事前に署名の同意を得ようとした際に、同意手続きの負担が大きすぎるという理由で、施設管理者から協力を断られたことがあります。

倫理指針 [8] の中では、文書でのインフォームド・コンセントの他にも、「口頭によりインフォームド・コンセントを受ける」ことや、「電磁的方法によるインフォームド・コンセント」も記載されています。「倫理指針 ガイダンス」[15] の「第8 インフォームド・コンセントを受ける手続等」を参考にしてください。

3.3　安全への配慮

人を扱う研究・開発・実務における倫理的な課題として、安全への配慮が強く求められる。実験などに参加する研究対象者の安全はもちろんのこと、実験等の実施内容によっては、実施者側の安全にも十分な配慮が必要である。例えば実験などで与えるタスクに起因する対象者へのリスクを考える必要がある。運動を伴うタスクであれば運動時の怪我、道具を使用するタスクであれば道具に起因する事故や怪我、視覚、聴覚的な刺激などでは生理的・心理的な負担などについても考慮すべきである。完全に安全な実験しか実施できないというわけではないが、期待されるベネフィットを最大化しつつ想定されるリスクを最小化して、ベネフィットがリスクを上回るように実施する必要がある。

実験などで与えられるタスクには、対象者が容易にリスクを想像することができるものもあるが、昨今の情報端末やロボットなどを用いた実験など、伴うリスクを容易に判断できない場合もある。このような場合には、実施者側がリスクを評価し、実験などの目的を達成できる範囲で可能な限りリスクを最小化するだけでなく、残留するリスクについては適切な方法で対象者に伝えて理解してもらう必要がある。市販製品を用いるのであれば、製品側の安全性はメーカーによって担保され、使用上の注意などは取扱説明書などに記載されているので、実験などを計画する際には必ず確認しなければならない。一方、試作品などを用いる場合には、開発者側が実験などを実施する者と協力してリスクアセスメントを実施し、前述のようにリスクを最小化し、残留するリスクを対象者に伝えなければならない。

安全への配慮が十分に準備できていることを確認するためにも、事前に第三者に計画を確認してもらうことが重要である。第三者による確認ではリスクとベネフィットを比較考量することになるが、通常、これらは直接的に比較できるものではない。このため倫理審査委員会には様々な立場の委員が参加し、多様な観点からリスクとベネフィットを比較するが、必ずしも安全に関する十分な知見のある委員が参加しているとは限らない。このような場合、特に特別な装置やロボット等の高度で複雑な機械を用いる場合には、委員会と相談のうえ専門家に同席してもらったり、事前に専門家の意見をもらっておいたりすることで、審査する第三者の判断を助けることができる。

3.4 研究計画の審査

人を扱う研究などを計画して実施する際には、事前に第三者に研究計画を審査してもらうことにより、研究計画の科学的な妥当性を確認してもらえるだけではなく、対象者の権利を保護したり、安全性を担保したりすることができる。ここでは審査について解説する。

3.4.1 審査の観点

研究計画の確認や審査にあたっては、審査員ら個人の考え方だけではなく、過去の議論などをふまえて整理された倫理指針等を参考にして審査する。例えば前述のベルモント・レポート[14]では、人を被験者として用いる研究の基本的な倫理原則として次の3項目が示されている。

①Respect for persons ：人の尊重（インフォームド・コンセントの取得など）
②Beneficence：恩恵（危害を加えない、リスクの最小化/ベネフィットの最大化など）
③Justice：正義（負担と利益の公平な分配など）

2000年から2004年にかけては、国立衛生研究所（NIH、米国）のエマニュエルらが、倫理的な研究であるための要件(ethical requirements)[16, 17]を取りまとめて発表した。何が満たされることによって倫理的と判断されるかについて、網羅的・系統的に整理されているので審査側だけでなく、研究計画を作成する際にも参考にすることができる。エマニュエルの8要件は、以下のとおりである。

①Collaborative partnership：社会や地域との協調
②Social and Scientific Value：社会的、科学的価値
③Scientific Validity:：科学的妥当性
④Fair Subject Selection：研究対象者の公正な選択
⑤Favorable Risk-Benefit Ratio：適切なリスク・ベネフィット比率
⑥Independent Review：独立審査
⑦Informed Consent：インフォームド・コンセント
⑧Respect for Potential and Enrolled Subjects：研究対象者の尊重

第1・2章でも述べたが、国内では、2021年に施行された「人を対象とする生命科学・医学系研究に関する倫理指針」に、以下に示す8つの基本方針が記載されており、エマニュエルの8要件とも共通する部分が多い。

①社会的及び学術的意義を有する研究を実施すること。

②研究分野の特性に応じた科学的合理性を確保すること。
③研究により得られる利益及び研究対象者への負担その他の不利益を比較考量すること。
④独立した公正な立場にある倫理審査委員会の審査を受けること。
⑤研究対象者への事前の十分な説明を行うとともに、自由な意思に基づく同意を得ること。
⑥社会的に弱い立場にある者への特別な配慮をすること。
⑦研究に利用する個人情報等を適切に管理すること。
⑧研究の質及び透明性を確保すること。

これらが基本的な観点だが、②に「研究分野の特性に応じた科学的合理性」とあるように、分野ごとに研究の内容・方法・対象者などが異なるために、すべての分野で同じ基準で考えることはできない。このため、倫理審査は、当該分野の学会の指針や審査委員会の規程類なども参考に実施される。しかしながら、現状ではすべての研究分野で十分な議論が行われているわけではないため、申請者と委員の意見が合わなかったり、委員間でも意見が食い違ったりして、混乱が生じることもある。

また、エマニュエルの８要件の⑤と「人を対象とする生命科学・医学系研究に関する倫理指針」の③では、ともにリスクとベネフィットのバランスについて書かれている。3.3節でも述べたが、これはリスクのない研究しか実施してはいけないということではなく、リスクを最小化し、ベネフィットを最大化することで、リスクを上回るベネフィットが期待できる場合には倫理的な実験などを行うことができるという考えである。しかしながら、本来、リスクとベネフィットは異なる概念であり、同じ軸で比較ができるものではない。このため昨今の倫理審査委員会では、様々な立場の参加者を委員構成の必要条件とすることで、リスクとベネフィットのバランスに対する多様な立場の委員からの意見を受けることにより社会的な合意形成の確認を目指していると考えられる[18]。

Q&A

Q　「人を対象とする生命科学・医学系研究に関する倫理指針」という名前を見ると、ヒューマンインタフェース研究には関係ないと感じるのですが、どうなのでしょうか？

A　詳細な該当性は「倫理指針 ガイダンス」[15] などを参考にしていただきたいですが、人を対象とする研究を倫理的に実施する際の大きな考え方として、指針を参考にすることができます。

しかしながら、昨今の倫理指針では、研究上の不正行為を防ぐことに重点が置かれ、細かい手続きが規定されています。このため、指針に書かれていることのすべてに対応しようとすると、申請側、審査側ともに、大きな負担となってしまうのが現状です。大きなビジネスに関わる領域であれば対応可能かもしれませんが、そうではない学術領域では、研究自体を遂行できなくなる危険性もあります。指針の基本方針の2番目にも「研究分野の特性に応じた科学的合理性を担保すること」と書いてあるように、研究分野ごとに倫理指針をどのように解釈して対応するのかを議論していく必要があると考えます。

Q&A

Q　大学や研究機関では、研究を職業とする専門家が計画を作ったり指導したりしますが、科学的な妥当性についてわざわざ第三者に確認をしてもらう必要があるのでしょうか？

A　はい、必要です。例えば製品開発の場面では、研究者としての教育を十分に受けていない人が担当する場合があります。また研究機関であっても、新しい研究領域に挑戦する場合もありますし、昨今では研究分野が細分化されているため、少し専門から外れるだけでも最先端の情報を知らない場合があります。さらに昨今の研究不正に対し、科学に対する社会からの信頼回復のためにも、より慎重に研究を進めていかなければなりません。

3.4.2　審査への取り組み

これまで述べてきたとおり、第三者による研究計画の審査は、医学系の大学や研究機関にとどまらず工学系の大学や研究機関にも設置されており、人を被験者等として扱う多様な研究を実施する前に、研究計画を審査することが一般的になり始めている。特に大学等では、学部生や大学院生への教育的性質からも、研究倫理審査委員会を設置し、その意識啓発に努めている状況にある。

しかしながら現状では、研究倫理審査委員会を持たない組織が少なからず存在する。著者らの調査[19]では、所属組織に研究倫理審査委員会を持たない機関が3割に上っていた。民間企業の研究部門等では、研究倫理審査委員会の設置自体が遅滞している。大学でも、人を相手にする実験や調査参加の機会が多い自然科学系では研究倫理審査委員会設置が進む傾向にあるが、実験を伴わない研究が多い人文・社会科学系の色合いが強い大学では研究倫理審査委員会の設置が遅れる傾向がある。

今後は、審査委員会を持たない組織を支援する必要性がある。例えば、連携する大学や研究機関の倫理審査委員会に研究計画の審査を委託するだけではなく、次に示すような学会などが設置する倫理審査受託サービスを活用することもできる。例えば日本生活支援工学会では2006年度より学会内で検討委員会を設置し、テクノエイド協会の助成金などを活用して、障害者らの生活を支援する機器の研究開発における臨床試験の倫理審査についての実態調査を実施した。また模擬的な倫理審査委員会なども実施し、生活支援機器の臨床試験における倫理的課題の抽出を行った。以降、学会内だけにとどまらず、学会外からも研究計画の倫理審査を受託するサービスを提供している。一般社団法人人間生活研究センター(HQL)でも、人の生活に関わる工学技術を活用した研究の特性を考慮して作成した「人間生活工学実験倫理審査規程」に基づき、外部から依頼を受けて研究計画の審査を行うサービスを提供している[20]。また、さがみロボット産業特区協議会実証実験推進部会では、人を対象とするロボット研究開発および実証試験に関する倫理審査会を設置し、外部の機関が計画した人を対象とするロボットの実証試験についての倫理審査を受け入れるサービスを行っている[21]。

3.4.3 審査の実際

研究計画の審査の具体的な手順や書式などは、申請先の委員会によって異なるものの、委員会が作成したマニュアル類を参考にすることができる。基本的には、審査委員会の事務局による事前確認があり、書式の不備やわかりにくい点についての指摘がある。それらの指摘に対応すると、委員会での審議にかけられる。

委員会での審議に先立ち、事前に委員からの照会事項が提出される場合もある。委員は申請された計画書に基づき実施内容について検討するため、不明瞭あるいは不完全な研究計画を提出すると、委員からの照会事項が多くなったり、委員が不安になって細かい指摘が増えたりして、対応に時間がかかることになる。このため、可能な限り詳細な研究計画を提出することが望ましい。これらの照会事項に丁寧に対応することで、審査がスムーズに進むことが期待できるが、この段階で不誠実な対応をしてしまうと、審査委員に不信感を持たれてしまい、審査によけいな時間や手間がかかることも考えられる。審査委員は計画書だけですべてを理解することができないため、最終的には申請者が審査委員の信頼を得ることができるかどうかも重要な要素である。

また、繰り返し述べてきたように、審査委員会では実施内容のリスクとベネフィットのバランスを比較考量するが、本来これらは直接的に比較できない概念であるため、多様な審査委員による様々な観点での意見に対応することで合意を得る仕組みになっている。このため、研究や倫理などに詳しいわけではなく一般の立場から意見を述べる委員もいるため、極めて基本的な質問が来る場合や、委員間で意見が異なる場合もあり、照会事項への回答に困惑してしまうこともある。そういった場合に丁寧に説明することを心がけ、もし審査委員に誤解や不理解があっても感情的にならずに説明することで、承認に近づくことができる。

3.3節でも触れたが、申請する審査委員会によっては、計画している研究分野に詳しい委員がいない場合もある。例えば最先端の工学技術を用いるような研究計画の場合に、その技術に詳しいメンバーが審査委員の中にいないこともある。このような場合には、事前に利害関係のない有識者の意見を求めたり、委員会の審議に参加してもらったりすることを審査委員会と相談することもできる。

Q&A

Q 相談する相手によって言うことが違うので困ってしまうのですが、どうすればいいですか？

A これには、本質的な問題と、過渡期であることが原因の問題があり、それらをふまえて対応を考える必要があります。

まず、前者の本質的な問題は、倫理に関する絶対的な真理・正解はなく、時代、地域、文化によって様々な価値観や考え方があるということです。ただし、実際には有識者らによって倫理指針などが作られており、それらを参考にすることができます。また、倫理審査委員会の委員には、多様な属性を持つ人が求められています。これも、多様な価値観や考え方を審査に反映するためと考えることができます。

次に後者の、過渡期であることが原因の問題です。第1章で述べたように、国内で倫理指針が整理され始めたのが、2002年の疫学研究に関する倫理指針、2003年の臨床研究に関する倫理指針ですので、それほど古い話ではありません。その後、例えば人間工学会が2009年に人間工学研究のための倫理指針を策定するなど、非医学系の領域でも倫理指針などが整理されています。2014年には、疫学研究と臨床研究の倫理指針を統合した「人を対象とする医学系研究に関する倫理指針」、2018年には臨床研究法が施行され、さらに2021年には医学研究とゲノム研究の倫理指針が統合された「人を対象とする生命科学・医学系研究に関する倫理指針」が施行されました。また2020年には人間工学研究の倫理指針が改訂されて「人を対象とする人間工学研究の倫理指針」が策定されました。このように、研究倫理に関する環境が急速に変化している過渡期であるため、指針などの解釈が定まらず、また、これらの変化に追従できていない人も多いため、様々な考えを持つ人が混在しているのが現状です[12]。

3.4.4　研究倫理教育

医学系の領域では、研究計画の審査に関する教育体制の整備が進められており、オンラインで受講できるeラーニングプログラムも充実している。例えば一般財団法人公正研究推進協会(APRIN)が提供する研究倫理eラーニングプログラム(eAPRIN)や、国立がん研究センターのICRweb臨床研究入門では、研究者側、審査側ともに多様な研究コンテンツが用意されている。

非医学系の領域では、医学系と比較すると教育に対する取り組みが不十分だが、3.4.2項で述べた倫理審査受託サービスによるマニュアル類や、工学系の研究者を対象とした教科書も出版されている[22]。また、不慣れな人も多いため、倫理審査申請を支援する活動も行われている。例えば、ロボット介護機器の研究開発プロジェクトでは、人を対象とする研究に慣れていない異業種からの新規参入が多く期待されたため、プロジェクト初期から倫理審査申請の支援が行われ、その成果が倫理審査申請ガイドラインとして取りまとめられて公開されている[23]。

3.5　倫理審査に関するQ＆A

前章までで、よくある質問については、文中にQ&Aやコラムとして解説しているが、それら以外にも様々な質問が想定できる。この節では倫理審査に関する必要性から審査プロセス、申請準備、被験者選定についてのQ＆Aをまとめて掲載している。

3.5.1　倫理審査の必要性

Q&A

Q　工学系の研究は研究倫理教育（3.4.4項参照）で例示されるような非人道的な研究ではないので、倫理審査は不要ですよね？

A　必ずしもそうとは限りません。倫理審査は非人道的な研究がきっかけで整備されてきたシステムですが、そうではない多くの研究でも倫理面について考えなければならないことがあります。

例えば人体実験のような非人道的な研究や手の込んだ研究不正などは、ヒューマンインタフェース研究の中ではなかなか想定しにくい事例のように感じることがあります。しかし、昨今の倫理指針や臨床研究法には、研究上の不正を防止したり、研究の質を担保したりするための細かい規定が書かれています。「人を対象とする生命科学・医学系研究に関する倫理指針」の２つ目に「研究分野の特性に応じた科学的合理性を確保すること」と示されているように、特定の研究分野の考え方を他の分野に押し付けることにより研究が停滞するようなことがあれば、それ自体が非倫理的であるとも考えられます。そうならないためには、研究分野ごとに倫理指針をどのように解釈して対応するのかを議論しておく必要があります[12]。

Q&A

Q （倫理審査のように）第三者に研究計画を確認してもらうことは必要ですか？

A 必要です。ただ、所属組織や研究領域によって様々な考え方があります。どのような確認が必要であるかについては、所属組織の規程や学会などが作成する指針類を参考にしてください。ヒューマンインタフェース研究の研究結果の使い方は多様です。学会や論文誌などで学術的な発表をしたり、製品の広告などに用いたり、あるいは、組織内の検討にしか用いない場合もあると思います。昨今では、学術的な発表の際には倫理審査委員会による承認を必須とするケースが増えています。また、製品の広告などに用いる場合は、事前に研究計画を第三者に確認してもらうことでより強い主張をすることができます。製品の改良などのために組織内の検討にしか用いない場合については、組織内の規程に従って実施してください[12]。また、この次のQ&Aも参照してください。

Q&A

Q 会社の中で実験や調査などを実施する場合は、倫理審査は不要でしょうか？

A　必ずしもそうとは限りません。まず、必ず組織内の規程類を確認してください。研究発表を行う場合は、発表する学会などの規程も確認してください。さらに、被験者に対する倫理については2つのケースを考える必要があります。

ケース1：社員などを被験者として実験等を実施する際、上司と部下など参加を断りにくい関係がある場合には、内容によってはハラスメントとなる場合があります。

ケース2：対象領域によっては、被験者が研究への参加であることに気が付かない、あるいは、自分のための特別な行為であるような誤解を生じる場合があります。このような場合にも、事前に第三者に計画を確認してもらうことで、被験者に目的を正しく理解してもらい、倫理的に問題のない実験的な行為を行うことができます。

医療分野では古くから「診療と研究」という文脈で議論されていますが、ある診療行為や治療が、通常の行為（自分の病気などを治すための通常の診療や治療）なのか、あるいは、何らかの研究のための行為であったり、自分のために特別な行為（特別な治療など）を行うものであるのか判断できなかったり、誤解してしまうことがあります。また、介護、福祉、教育の実践の場でも同じような状況が考えらます。例えば業務プロセス、用具、教材等の改善の際に、そこで行われる実験的な行為について、対象となる高齢者、障害者、児童生徒らが、目的を正しく理解することが求められます。例えば「ベルモント・レポート」[14]の「A. 診療と研究の境界」を参考にすることができます。

Q&A

Q　実証試験なので、倫理審査はいらないですよね？

A　必ずしもそうとは限りません。「実証試験」という言葉は、様々な文脈の中で用いられることがあり、その内容に応じて考える必要があります。「人を対象とする生命科学・医学系研究に関する倫理指針」[8]の「第2　用語の定義」では、人を対象とする生命科学・医学系研究が定義されていますが、ガイダンス[15]の中にはそれに該当しない研究が例示されています。例えば、「傷病の予防、診断又は治療を専ら目的とする医療」である場合や「いわゆる症例報告」である場合などは、指針で定義する「人を対象とする生命科学・医学系研究」に該当しないと書かれています。

実証試験で倫理審査が不要であるとの主張は、例えば介護分野の研究であれば、通常の介護行為あるいは症例報告相当であるという考え方を根拠にしているのではないかと思います。しかし、指針のガイダンスに書かれているのは医療行為についての例示のみですので、他の分野については個別に考える必要があります。

例えば介護分野において、新しい機器を介護業務の中で実験的に用いる場合に、それが通常の介護行為の中に入るのか、症例報告相当であるのか、また、その安全性や妥当性を誰が担保するのか（医療であれば医師が担保）については、十分に議論されておらず、合意が得られている状況ではありません。このため、倫理審査のような第三者による計画の確認が必要であると考えられます。

3.5.2 審査プロセス

Q&A

Q　倫理審査には、どれくらい時間がかかりますか？

A　審査に要する期間は、委員会ごとに大きく異なります。明確な審査スケジュールを公開している審査委員会と、そうでない委員会がありますが、公開されているのであれば、実験や調査を計画する前に審査スケジュールを入手することをお勧めします。著者の経験では企業による倫理審査申請に関する支援の中で、倫理審査に要する期間に関連する相談が最も多いです。特にモノづくりに関するプロジェクトでは、プロジェクト期間のぎりぎりまでモノづくりを行い、最後になって評価実験を行うことが多いのですが、その段階になってあわてて倫理審査の申請を行うケースがよく見られます。しかし、それでは手遅れです。必ず、計画前に審査のスケジュールを確認するようにしてください。

Q&A

Q　倫理審査はどのように進みますか？

A　審査委員会ごとに異なりますが、大まかには、申請書類を事務局に提出したのち、事務局から不明点などの照会があり、それに対応したのち、委員会での審査プロセスが始まります。この段階で委員から不明点などの問い合わせがあり、それらに対応する必要があります。その後、委員会で審査が行われます。まずは条件付きの審査結果になることが多く、その条件に対応することで最終的な審査結果が確定します。

申請者は、倫理審査の申請準備をする前、あるいは準備を進めながら、研究計画を丁寧に準備してください。研究計画が曖昧だと、倫理審査の途中で事務局や審査委員からの問い合わせが増えて、時間がかかってしまいます。人によっては、審査を依頼する倫理審査委員会を決めるところからスタートしなければならないかもしれません。倫理審査委員会の事務局とコンタクトし、申請書類やマニュアルなどを入手すると同時に、この段階で審査のスケジュールを確認するようにしてください。また、内容について、審査委員会での説明が求められる場合もあります。申請書類を丁寧に作ることはもちろん、委員会での説明も丁寧に実施してください。

3.5.3　申請準備

Q&A

Q　倫理審査の申請書類を書くのが面倒なのですが、どうすればいいですか？

A　わかります。原因を整理して考えてみましょう。倫理審査の申請書類を書くことの障壁は、多くの場合、不慣れなことです。まずは、慣れている人に相談することをお勧めします。また、研究の内容によって、申請書類を書きやすいものとそうでないものがあります。

ヒューマンインタフェース関連の研究ですと、例えば人を計測する研究において計測方法や装置が決まっており、ほぼ同じような計測環境の中で目的の異なる計測を行うような研究の場合には、申請書類の作成に困ることは少ないと思います。ただし、目的に応じて被験者に与える負荷を変える場合があるので、どのようにリスクを見積もり、安全を確保するのかを注意深く書く必要があります。

これに対して、特に新しいモノづくりを伴う研究の場合には、方法自体を試行錯誤しながら実験を行う場合があると思います。実験方法が確定するまでの間にも、何らかの形で人が関与する実験を行う必要があるので、どのタイミングでどのように倫理審査申請をするのかについては、様々な考え方があります。将来的には学会などがガイドラインのようなものを作る必要があるかもしれません。

また、実験室などの限定的な環境ではなく、屋外や公共施設などの一般の人がいる空間や、学校、病院、介護施設、工場、事務所などの専門的あるいは職業上の活動が実施されている空間で行う実験や調査の場合には、配慮すべき点が多いため、実験室内での研究よりも申請書類の準備が困難になるかもしれません。この場合には、似たような研究の経験のある人に相談することをお勧めします。

Q&A

Q　倫理審査申請時の計画書は、予算申請のときに使ったものを再利用してもいいですよね？

A　再利用してはいけません。倫理審査申請の際に提出する計画書では、これから実施したい実験や調査を審査員に正確に理解してもらうことが大切です。予算申請時の計画には将来の構想なども書かれていると思います。これをそのまま提出してしまうと、審査員が将来の構想なども審査対象であると誤解してしまうことがあり、その結果、審査に時間がかかったり、承認されなかったりすることがあります。

Q&A

Q　倫理審査の申請のとき、目的には、研究プロジェクトの目的を書けばいいですよね？

A　そうではありません。申請しようとする実験や調査の目的を書いてください。倫理審査の中で審査員が確認するのは申請された実験や調査の内容ですので、それを理解してもらうためには、申請する実験や調査の目的を書く必要があります。倫理申請する計画書の目的の欄に、例えば研究プロジェクト自体の大きな目的を書くケースを見かけることがあります。実験や調査の内容の理解を助けることがあるため不要ではないのですが、審査員が目的を誤解してしまうこともありますので、申請する実験や調査だけの目的を書くようにしてください。

3.5.4　被験者選定

Q&A

Q　障害者が扱う機器なので、最初から当事者で実験する計画で申請した方がいいですよね？

A　必ずしもそうとは限りません。障害者支援の領域では、最初から当事者を巻き込んだ研究の実施が推奨されることがあります。しかしながら、研究に参加してもらうことと被験者になってもらうことは同義ではありません。当事者で実験を行う必要性については注意深く考える必要があり、特に安全面には十分に配慮しなければなりません。

一方で、障害当事者である本人が、最初から自分を実験台として使ってほしいというような意思を示す場合もあります。これらの場合には、リスクや不利益と、ベネフィット等のバランスを考慮します。例えば低リスクの実験の場合に、この議論に時間をかけて審査が長引いてしまうことは、当事者の実験参加機会を奪う不利益の方が大きかったり、特定分野の研究が遅れてしまったりするなどの不利益についても考える必要があります。『ネオ・ヒューマン』[24]の中では、大学で研究中の車いす型ロボットに自ら進んで搭乗した際の暴走の事例が書かれています。

3.6　演習問題

演習1　ベルモント・レポートでのインフォームド・コンセントの説明において、同意のプロセスとして記載される3要素を答えてください。

演習2 実験計画書を倫理審査委員会で審査してもらうタイミングを、次の中から選んでください。

1.実験等を実施する前 2.実験等を実施している途中 3.実験等を実施した後

演習3 倫理審査委員会において、審査委員からのコメントに対してどのように対応するのがいいか考え、まわりの人と意見交換してみましょう。

参考文献

[1] ニュルンベルク綱領.
http://platform.umin.jp/elsi/link.html#link101（2022.12.7閲覧）

[2] ヘルシンキ宣言，日本医師会ホームページ.
https://www.med.or.jp/doctor/international/wma/helsinki.html（2022.12.7閲覧）

[3] 黒川清：日本の臨床治験の現状と問題点：より競合的なシステムの構築への基本的要件,『研究 技術 計画』Vol.14, No.4, pp.217-222, 1999.

[4] 厚生労働省：ヒトゲノム・遺伝子解析研究に関する倫理指針.
https://www.mhlw.go.jp/general/seido/kousei/i-kenkyu/genome/0504sisin.html
（2022.12.7閲覧）

[5] 厚生労働省：疫学研究に関する倫理指針.
https://www.mhlw.go.jp/content/10600000/000757357.pdf（2022.12.7閲覧）

[6] 厚生労働省：臨床研究に関する倫理指針.
https://www.mhlw.go.jp/content/10600000/000757382.pdf（2022.12.7閲覧）

[7] 厚生労働省：人を対象とする医学系研究に関する倫理指針.
https://www.mhlw.go.jp/file/06-Seisakujouhou-10600000-Daijinkanboukouseikagakuka/0000153339.pdf（2022.12.7閲覧）

[8] 厚生労働省：人を対象とする生命科学・医学系研究に関する倫理指針.
https://www.mhlw.go.jp/content/000909926.pdf（2022.12.7閲覧）

[9] 厚生労働省：臨床研究法について.
https://www.mhlw.go.jp/stf/seisakunitsuite/bunya/0000163417.html
（2022.12.7閲覧）

[10] 医療分野の研究開発に資するための匿名加工医療情報に関する法律，e-GOV法令検索.
https://elaws.e-gov.go.jp/document?lawid=429AC0000000028（2022.12.7閲覧）

[11] 生活支援工学会：倫理審査受託事業.
https://www.jswsat.org/business/（2022.12.7閲覧）

[12] 日本人間工学会：人を対象とする人間工学研究の倫理指針.
https://www.ergonomics.jp/official/wp-content/uploads/2020/06/ethical_guidelines_20200613_.pdf（2022.12.7閲覧）

[13] 自動車技術会：人を対象とする研究倫理ガイドライン.
https://www.jsae.or.jp/01info/rules/kenkyu-rinri.pdf（2022.12.7閲覧）

[14] ベルモント・レポート（津谷喜一郎，光石忠敬，栗原千絵子 訳），『臨床評価』，Vol.28，No.3，pp.559-568，2001.
http://cont.o.oo7.jp/28_3/p559-68.html（2022.12.7閲覧）

[15] 厚生労働省：人を対象とする生命科学・医学系研究に関する倫理指針 ガイダンス.
https://www.mhlw.go.jp/content/000769923.pdf（2022.12.7閲覧）

[16] Emanuel, E. J., Wendler, D., Grady, C.: What makes clinical research ethical ?,*JAMA*, Vol.283. No.20, pp.2701-2711, 2000.

[17] Emanuel E. J., Wendler, D., Killen, J., Grady, C.: What makes clinical research in developing countries ethical ?, The benchmarks of ethical research.,*J Infect*, Vol.189, pp.930-937, 2004.

[18] 田代志門：『みんなの研究倫理入門』，医学書院，2020.

[19] 西山敏樹：人を対象とする研究の倫理的問題に関する意識調査，『ヒューマンインタフェース学会誌』，Vol.22，Vol.3，pp22.-25，2020.

[20] 人間生活工学研究センター(HQL)：倫理審査.
https://www.hql.jp/support/rer.html（2022.12.7閲覧）

[21] さがみロボット産業特区.
https://sagamirobot.pref.kanagawa.jp/（2022.12.7閲覧）

[22] 山内繁：『エンジニアのための人を対象とする研究計画入門―科学的合理性と倫理的妥当性』，丸善出版，2015.

[23] AMED ロボット介護機器開発・導入促進事業 基準策定評価コンソーシアム，倫理審査申請ガイドライン第2版.

[24] ピーター・スコット・モーガン：『ネオ・ヒューマン：究極の自由を得る未来』（藤田美菜子 訳），東京経済新報社，2021.

第4章
これからの研究倫理

新型コロナウィルスCovid-19の存在は、研究の遂行にも大きな影響を与えている。本章では、筆者の大学勤務での実務経験もふまえて、Withコロナ・Afterコロナも視野に入れ、ニューノーマルでのオンラインシステム活用型研究での研究倫理について考える。既に、新型コロナ禍の研究経験からオンラインシステム活用型研究の導入を巡り、問題も指摘されている。研究の依頼から遂行のプロセスで注意すべきことを記す。

4.1 研究スタイルの大きな変化

新型コロナウィルスCovid-19を経験し、多くの研究者は、やむなくデータの収集を中断したり、研究計画の再検討を余儀なくされたりしている。ただし、Covid-19の前から定量調査についてはインターネットリサーチが一般的に行われてきた。一方で、対面でのパーソナルインタビューやフォーカスグループインタビュー等の定性的な調査は、ZoomやTeams、Webex等のビデオ通話システム、その他インスタント・メッセージを活用するチャット等で行うことも増えている。より工学的な研究では、フィジカルディスタンスを考慮し、研究者が試作したものを被験者が別の場所で試用して、インターネット上で評価インタビューに答える場面も想定されつつある。ビデオ通話では対面のインタビューに近い状況で話を聞けるし、フィジカルディスタンスを保ちつつ遠方の人と対話ができるメリットもある。こうしたメリットを活かす方法こそまさに研究のニューノーマルとも言える。

ただし、被験者や回答者がツールを使いこなせない、ネットワーク環境が十分に整備されていない等により、実験や回答の環境に個人差が出るという問題がある。例えば、国際的な研究では，被験者の在住地域のインターネット環境やリテラシーのレベルも考慮しつつ、回答の方法やしやすさ等で差別感が出ないように考慮する必要がある。一方、フィジカルディスタンスをとる目的で研究者と離れた場所に実験室を設置したものの、研究者が不在であるため環境のコントロールが難しく、温度や騒音の大小等の差が生じ、研究環境の平等性という観点、倫理的問題が生じる場合もある。また、対面調査とは異なる環境で回答や実験を行うので、データの信頼性や妥当性も考慮すべき重要な課題となる。極端な例を挙げれば、オンライン調査の画面に映らない場所で誰かが回答を指示している場合すら想定されるため、研究環境管理が非常に難しい。

研究者自身や被験者および回答者の健康と福祉（幸福）は、いかなる場合も一切の差別なく研究活動より優先されなければならない。データ収集にあたっては、まず所属機関の倫理委員会への事前通知を心がけ、相談の上でインフォームド・コンセントを進めることが何よりも重要である。オンラインにシフトしてデータの取得を進められたとしても、被験者・回答者が調査を受け入れられる方法であるかどうかを丁寧に確認しつつ、ストレスに感じるようであれば別の方法を検討しなければならない。

研究に関わる者以外の個人が作成した動画などのコンテンツ、YouTube等のソーシャルメディア上のオンラインコンテンツを調査に用いる場合にも、著作権や使用権等に配慮して、従前以上の倫理的配慮が必要になる。作成したゲームやコンテンツの試用に代表されるオンラインの実験では、派生しうる身体的及び心理的な不調等も意識しながら慎重に進める必要がある。

以下の節では、こうした未来社会での研究動向をふまえ将来の研究倫理のポイントを述べる。

4.2 オンラインシステム活用の研究倫理申請のポイント

オンラインシステム活用型の調査・実験の研究倫理申請では、従前用いてきた研究倫理の申請書と同意説明書に、次の(1)～(11)の要件を加えておく必要がある。既に、研究倫理申請書や同意説明書に以下の要件の記載を求める研究機関もあり、今後は標準化していく見込みである。

(1) オンラインシステムを用いる理由の明示。オンラインシステムを用いる調査や実験は従来ほとんどなかった。研究プロセスで「なぜオンラインシステムを用いて遂行する必要があるのか」を明確に示すことが大切である。その理由を協力判断材料として提示する。

(2) 研究におけるオンラインシステム活用型調査・実験の位置づけの明示。(1)のオンラインシステムを用いる理由とも関係するが、コロナ禍前から続く研究の対面型調査・実験を補完するものなのか、あるいは新しい研究でオンラインベースの調査・実験であるのかを、協力判断材料として提示する。上記のような調査や実験の位置づけも明確にして説明を行い、研究協力者の懸念を払拭することが大切である。

(3) 用いるオンラインシステムがどのようなものであるかの概要説明。調査や実験に協力する人の中には、オンラインシステムがどのようなものかわからない人や、接続から終了まで失敗しないかと不安が大きい人もいる。ゆえに協力判断材料として概要を提示する。

(4) 用いるオンラインシステムのマニュアルの作成と添付。協力者は接続から終了までどのような機器操作が必要であるかを可能な限りわかりやすく示し、協力判断材料として提示する。義務教育卒業程度でもわかるように、難解な用語を使わずに平易に説明することが肝要である。

(5) 使用するオンラインシステムのプライバシーポリシーや各社のデータ利用に関する規程の明示。対面の調査や実験では研究者・被験者だけであったが、使用するオンラインシステムの企業が研究の過程に加わる。ゆえに、その企業の定める規則等も事前に説明する必要がある。

(6) 使用するオンラインシステムのセキュリティや各種機能等に関する十分な明示。協力者所有のパソコンやタブレット等の機器を活用する上でのセキュリティ上のリスク、一定の通信量が発生すること、またその費用に対する補償方法等も事前に説明する必要がある。

(7) 研究者サイドでのセキュリティ上の配慮方法の明示。調査や実験の内容が漏れないために協力者側へ時間や場所の配慮が示されているか。研究者側も他者がいない空間で行う等、時間や場所への配慮がなされているか。これらも協力の判断材料になる。

(8) オンラインシステム活用により予測される協力者側に及ぼされる危害または不利益、それらに対する配慮方法の明示。通信量やそれを軽減する方法が適切か、またディスプレイごしの調査や実験に対する身体的・精神的な疲労に対する配慮があるかどうかも協力の判断材料になる。

(9) データの録音・録画方法の明示。最も代表的なオンラインシステムであるZoomでは、クラウドベースの録音・録画が可能であるが、これは調査や実験の情報漏洩につながりうる。調査・実験の録音・録画にも細心の注意を払う必要がある。

(10) 取得した調査・実験のデータの保管方法の明示。録画・録音データは、一定の期間を明示して、インターネット等のネットワークから切り離して保管することを改めて明示する必要がある。これは通常の対面調査時にも明示するもので改めて認識されたい。

(11) 同意書・同意撤回書等のやりとりの方法の明示。インターネット等のコンピュータネットワークを介して調査を行うことになると、協力への同意書及び同意撤回書を対面の場合と同じようにはやりとりできない。どういう方法、形式でやりとりするかも明示する。

4.3 研究倫理申請書や同意説明書のチェックリスト

4.2節で述べたオンライン活用型調査・実験の研究倫理申請書及び同意説明書のポイントに則り、以下にチェックリストを整理する。読者は、こちらを活用して研究倫理申請書や同意説明書を作成し、その内容に基づき調査の実施をして頂きたい。

「オンライン調査・実験に関する研究倫理申請・同意説明のチェックリスト」

(1) オンラインシステムを用いる理由の明示

オンライン調査を用いる理由が、研究倫理申請書および同意説明書にわかりやすく明記されているか。

(2) 研究でのオンラインシステム活用型調査・実験の位置づけの明示
対面での調査や実験等の補完的な位置づけなのか、オンラインシステムを単独で用いる調査・実験なのかが、研究倫理申請書・同意説明書にわかりやすく明記されているか。

(3) 用いるオンラインシステムがどのようなものかの概要説明
調査・実験に使用するオンラインシステムが、どのような構成・機能を持つのかが、研究倫理申請書・同意説明書にわかりやすく明記されているか。

(4) 用いるオンラインシステムのマニュアルの作成と添付
研究倫理申請書・同意説明書に明記されているか。協力者は接続から終了までどのような機器の操作が必要かが、研究倫理申請書・同意説明書にわかりやすく明記されているか。

(5) 使用するオンラインシステムのプライバシーポリシーや各社のデータ利用に関する規程の明示
ZoomやTeams、Webex等のホームページ等で公開されるプライバシーポリシーおよびデータ利用に関する各種規程の要点を整理し、研究倫理申請書・同意説明書にわかりやすく明記されているか。

(6) 使用するオンラインシステムのセキュリティや各種機能等に関する十分な明示
オンラインシステムを調査・実験に用いた際のセキュリティ上の各種リスク、通信量が発生しうること、またその補償をどのようにするかが、研究倫理申請書・同意説明書にわかりやすく明記されているか。

(7) 研究者サイドでのセキュリティ上の配慮方法の明示
a) 調査や実験の一切の内容が外部に漏れないようにするため、協力者の参加の時間や場所への配慮をしているか。例えば、誰もいない部屋の使用、イヤホンの使用等の配慮について、研究倫理申請書・同意説明書にわかりやすく明記されているか。

b) 調査や実験の一切の内容が外部に漏れないようにするため、研究者サイドも他者がいない空間で調査・実験を行う等、時間及び場所への配慮が、研究倫理申請書・同意説明書にわかりやすく明記されているか。

c) ミーティングID およびパスコードを使用した調査・実験エリアへの入室、待機室機能の利用を原則とした非関係者入室回避等の各種配慮が、研究倫理申請書および同意説明書にわかりやすく明記されているか。

d) セキュリティの高さも視野に入れて、最新版のアップデートがなされたオンラインシステムを用いることが、研究倫理申請書や同意説明書にわかりやすく明記されているか。

e) 個人情報他の重要な情報をオンラインシステム上で発信しない旨が研究倫理申請書や同意説明書にわかりやすく明記されているか。

(8) オンラインシステム活用により予測される協力者側に及ぼされる危害または不利益、それらに対する配慮方法の明示

a) 調査や実験が長時間にわたる場合を想定し、眼精疲労等の身体的疲労や様々な精神的疲労への配慮がなされているか。例えば、途中の休憩方法等が研究倫理申請書や同意説明書にわかりやすく明記されているか。

b) 通信量軽減への配慮がなされているか。例えば、画面オフの可否等が研究倫理申請書や同意説明書にわかりやすく明記されているか。

(9) データの録音・録画方法の明示

a) 使用するオンラインシステムの録音・録画機能を用いるのか、それとも従来の対面調査で用いるようなICレコーダーやスマートフォン等の外部録音装置を使用するのかが、研究倫理申請書や同意説明書にわかりやすく明記されているか。

b) 録音・録画や静止画撮影をする場合の方法について、研究倫理申請書および同意説明書にわかりやすく明記されているか。

c) 録音・録画したデータをインターネット等のコンピュータネットワークから切り離してローカルデバイスに保存・一定期間管理する方法が、研

究倫理申請書と同意説明書にわかりやすく明記されているか（Zoom等で頻繁に使用されるクラウドに録音・録画したデータを保存する機能、その他クラウドでの記録データ類の受け渡しは、原則として行わないこととする。やむなき場合は、研究者が暗号化して保存・管理することを明示しておく）。

(10) 取得した調査・実験のデータの保管方法の明示
取得した録画・録音データが、インターネット等のコンピュータネットワークから切り離され、USB メモリー、外付けの各種保存装置等で一定期間保管されることが、研究倫理申請書と同意説明書にわかりやすく明記されているか。

(11) 同意書・同意撤回書等のやりとりの方法の明示
同意書や撤回書等の授受が、電子メール等のオンライン（PDF等)、郵便等のオフライン（専用用紙の使用)、どの方法で実施されるのかが、研究倫理申請書および同意説明書にわかりやすく明記されているか。

このチェックリストは、調査や実験の計画、実施、データ取得・完了までの一連のプロセスにおいて心がけることのポイントである。ぜひこれをベースに調査や実験を進めてほしい。また、オンラインシステムでは、対面と異なり同じ実空間に研究者と協力者がいない。ゆえに研究者は、3Cすなわち「協力者が気持ちよく調査・実験に参加できるような声がけ(Communication)」「同意ベースで研究者と協力者が歩調をとること(ConsensusとCollaboration)」を重視する必要がある。

人を相手にするヒューマンインタフェース研究分野でも、研究倫理の重要性は一層増しつつある。研究倫理は、調査や実験に参画する協力者だけでなく、研究者も守るものであるが、遵守すべき項目が多く、筆者らが実施したヒューマンインタフェースの研究者への調査でも、考慮要件が大きな負担になっていることはわかっている（第1・2章参照)。IT進展によるデータ取得の方法論が多様化したことにより、考慮要件はさらに増え、研究者の負担は一層大きくなりうる。それを軽減するために、本章ではチェックリスト式で将来新たに抑えておくべき研究倫理のポイントを整理して説明し、Covid-19のようなパンデミックに代表されるリスクも捉えて、ニューノーマル時代のスタンダードになる注視すべき内容を述べてきた。読者の皆さんもその流れを意識し、継続的に研究活動を進めてほしい。

4.4 演習問題

演習1　人を相手にする研究には様々なジャンルがあり、読者の皆さんの研究環境もそれぞれ異なります。本章では、ヒューマンインタフェース分野に共通する汎用性の高い未来社会で注視すべき倫理事項を列挙してきました。そこで、皆さんが所属する機関に配慮すべき独自の倫理事項がないか、仲間と議論しながら点検してまとめてみてください。

演習2　Zoom等のオンライン会議システムは、調査や実験会場に来る時間と費用を抑えられるため、コロナ禍が収束した後にも利用される可能性は十分にあります。時空間の拘束から解放されるメリットがありますが、本章で述べてきたこと以外に、協力者の立場から見てどのような懸念事項が将来的に予測されるでしょうか。また、調査や実験にオンライン会議システムを用いる上で実装されるとよい機能としてはどのようなものがあるでしょうか。周囲の研究メンバー等と整理してください。

付録

本文中で多くの事例を紹介したが、本付録では、実際にどのような書類が使われているか、また、どのような内容で書かれているのかについて紹介するので、参考にしていただきたい。「研究倫理審査申請書の例」「研究説明書及び同意書/撤回書の例」「人を扱う研究倫理審査申請書 関係書類一式（記入例）」の順で掲載した。

研究倫理審査申請書、研究説明書、同意書、撤回書については、すべて研究の実施前の研究倫理審査申請時に、必要事項を記入する。そのすべての内容を研究倫理審査委員会が審査し、必要に応じて加筆・修正を行い、晴れて審査通過というプロセスが通常の流れになる。記入例なども参照しながら申請用の上記各種書類をまとめていただきたいと思う。なお、「人を扱う研究倫理審査申請書 関係書類一式（記入例）」に示した「研究倫理審査計画変更申請書」は、審査後に研究計画が変更になった場合に別紙とともに提出する書類である。

○○○大学研究倫理審査申請書

令和　年　　月　　日提出

○○○大学学長　殿

所　　属 ______________________
職　　名 ______________________
申 請 者 ______________________ 印

※　受付番号 ______________________

1　審査事項	研究計画

2　課題名（研究費の種類も記入）

3　研究組織
主任研究者名 ____________ 所属 ________________ 職名 ________
共同研究者名 ____________ 所属 ________________ 職名 ________
氏名 ____________ 所属 ________________ 職名 ________

4　研究の目的と概要
（他の施設との共同研究として実施する場合には、①本申請が研究全体についての審査か、○○大で実施する分担部分のみの審査かを明記するとともに、②○○大での分担部分のみについての審査の場合には研究全体の審査状況についても説明すること。）

5　研究の対象および資料入手などの方法（概略を記載し、詳細は別紙で説明すること。）

研究倫理申請書の例（1/2）

6　研究における科学的合理性と倫理的妥当性について

（1）研究の対象となる個人に理解を求め了承を得る方法

（説明文書あるいは同意文書を用いる場合には添付すること。同意を取得しない場合には、その理由を記載すること。）

（2）研究の対象となる個人の人権の保護および安全の確保

（対象者に与える身体的あるいは精神的な侵襲について記載すること。個人情報漏えいなどの危険が最小となるよう講じる予防対策を記載すること。）

（3）研究によって生ずるリスクと科学的な成果の総合的判断

（4）保存資料（試料等）の数、保存場所および期間

保存資料：

保管場所：

（5）保存資料（試料等）の廃棄方法および匿名化の方法

7　研究期間

令和　　年　　月　　日から　令和　　年　　月　　日

注意事項：

1　審査事項欄は、該当部分を○で囲むこと。

2　審査対象となる研究計画書を3部添付すること。

3　申請書は、事務局（総務部管理課）に提出すること。

4　※印は、記入しないこと。

5　関係する学会等の「人を扱う研究倫理指針」を十分に参照すること。

6　必要であれば、実験参加者への研究説明書（添付資料1）、同意書（添付資料2）も添付すること

研究倫理申請書の例(2/2)

添付資料 1

○○○に関する研究の説明書

実験参加者（　　　　　）様へ

1　今回協力をお願いする研究の正式名称は、「○○○の研究」です。

この研究は、○○○○の試用です。皆様の今後の○○○の改善に有効と考えられる試用です。ぜひともご協力ください。

2　実際の検査

○○○の２階で試用を行うことになります。時間はお１人当たり、約１時間です。

実際の試用は、以下のように行います。

（具体的に検査の内容を書く）

試用の結果は、担当の○○から説明します。

3　費用について

この研究に協力することで「余分に負担する金額」は一切ありません。

（万一、負担が必要になる研究の場合は算出根拠を真摯に書く）

4　皆様の利点

（具体的に書く）

5　皆様の不利益な点、不都合な点

（具体的に書く）

6　事後の協力の有無

（具体的に書く）

7　“研究協力の任意性と撤回の自由”について（以下はベース文）

この検査に協力することは皆さまの自由な意思により行われるもので、強制するものではありません。

また、協力に同意をいただいた後に協力することを断ることも自由です。

8　個人情報の保護について（以下はベース文）

9　試用データは、大学で管理いたします。大学にデータを保存する時には、名前・年齢・住所などの個人情報は計測データと別に管理し、情報の匿名化を行います。個人情報は研究室内でのみ管理し、外部に持ち出さないよう厳重に管理します。

10　研究終了後のデータ取扱について（以下はベース文）

研究終了後、氏名・住所等の個人情報は全て破棄いたします。計測データは氏名・住所を持たない計測データとして、今後の研究に使用させていただきたいと思います。

研究説明書及び同意書/撤回書の例(1/4)

11　研究計画書の開示（以下はベース文）

この研究は○○○大学倫理委員会の認証を受けたものです。研究計画書は、○○○大学に保管され、いつでもみることができます。

12　問い合わせ先

＊○○○大学 ○○○学部 担当者名 〒999-9999 東京都○×区倫理 1-1-1

電子メール：rinri@rinri.jp

別紙の同意書に署名の上、試用に同意されるようお願い申し上げます。

研究説明書及び同意書/撤回書の例 (2/4)

添付資料 2

同　意　書

殿

私は「○○○の研究」について、○○○○氏より説明を受け十分納得しましたので、本研究に参加することを同意いたします。

1. 試用に協力することを　　同意します　　同意しません

2. 研究終了後に性別、年齢、身長、体重、計測日、計測データをデータベースとして使用されることに

同意します　　同意しません

令和　　年　　月　　日

ふりがな
氏　名（自署）＿＿＿＿＿＿＿＿＿＿

住　所＿＿＿＿＿＿＿＿＿＿

研究説明書及び同意書/撤回書の例 (3/4)

添付資料 3

同 意 撤 回 書

殿

私は「○○○の研究」について、本研究に参加することを同意いたしましたが、撤回いたします。

令和　　年　　月　　日

氏 名（ふりがな）（自署）＿＿＿＿＿＿＿＿＿＿

住 所＿＿＿＿＿＿＿＿＿＿

研究説明書及び同意書/撤回書の例 (4/4)

【受付番号】
受付日：　　　　年　　月　　日
受付者：

研究倫理審査申請書（新規）

申請日：令和　　年　　月　　日

○○学部長殿

研究責任者
所　属：○○学部
氏　名：倫理 一郎　　　印

下記の人を対象とする研究について、研究倫理審査を申請いたします。

記

1. 研究計画名	ユーザインタフェース研究における××の評価 類似研究の有無： 審査番号：
2. 添付資料	（提出する書類にチェック（例：■）してください） ■①研究計画書（別紙 1） ■②対象者への説明文書（別紙 2） ■③対象者の同意書（別紙 3） □④研究参加への同意書（代諾者用）（別紙 4） ■⑤同意撤回書（別紙 5） ■⑥研究の詳細（任意様式） □⑦共同研究契約書、受託研究契約書等の写し □⑧その他（関連する研究の倫理申請書類など）

※庶務係記入欄

受付番号	
審査日	令和　　年　　月　　日
審査結果	□承認 □条件付承認［□修正確認（令和　　月　　日）］ □継続審議［□再提出（令和　　月　　日）□再審査（令和　　月　　日）］ □不承認 □非該当
承認日	令和　　年　　月　　日
承認番号	

人を扱う研究倫理審査申請書関係書類一式（記入例）(1/16)

【受付番号】
受付日：　　　　年　　月　　日
受付者：

研究倫理審査計画変更申請書

申請日：令和　　年　　月　　日

○○学部長殿

研究責任者
所　属：○○学部
氏　名：倫理 一郎　　　　印

承認番号【　　　　】の研究計画を別紙のとおり変更し、研究倫理審査を申請いたします。

1. 研究計画名	ユーザインタフェース研究における××の評価
2. 添付資料	※提出する書類にチェックしてください。 ※計画変更後の書類のうち変更のある様式のみをご提出ください。 ※計画変更前の（承認された）申請書類の添付は不要です。 【申請書類一式（計画変更後）】 ■①研究計画書（別紙 1） ■②対象者への説明文書（別紙 2） ■③対象者の同意書（別紙 3） □④研究参加への同意書（代諾者用）（別紙 4） ■⑤同意撤回書（別紙 5） ■⑥研究の詳細（任意様式） □⑦共同研究契約書、受託研究契約書等の写し □⑧その他（関連する研究の倫理申請書類など）

※庶務係記入欄

受付番号	
審査日	□審査日（令和　　年　　月　　日）
審査結果	□承認 □条件付承認［□修正確認（令和　　月　　日）］ □継続審議　［□再提出（令和　　月　　日）□再審査（令和　　月　　日）］ □不承認 □非該当
承認日	令和　　年　　月　　日
承認番号	

人を扱う研究倫理審査申請書関係書類一式（記入例）(2/16)

【研究の進展状況】

※研究計画の進展状況がわかるように、研究開始から現在までにすでに行った研究の概要を下記に記入してください。

【変更点と変更内容】

※ 変更された書類名と項目番号、変更内容と変更理由を下記の表に記入してください。
各書類の作成にあたっては、変更した部分を赤字にして下線部を引いてください。

書類名	項目番号	変更内容 ※変更内容が明らかとなるように、変更前から何がどう変更されたのかポイントを記入してください。	変更理由

人を扱う研究倫理審査申請書関係書類一式（記入例）(3/16)

別紙 1

研究計画書（人を対象とする研究）

令和　年　月　日作成
令和　年　月　日修正

I．研究計画の概要

※□（チェックボックス）は、□を■に換えてください。

1. 研究計画名	ユーザインタフェース研究における××の評価
2. 研究の分類	■①○○学部および本学の他学部の研究グループのみで研究を行う □②申請者が主任研究者となり、学外の研究者と共同で研究を行う □③学外の研究機関等の研究に参加する □④その他（　）
3. 参照すべき倫理指針	なし
4. 研究実施場所	□①○○学部所属箇所内 号館　室　内線： □②○○学部所属箇所外 キャンパス　号館　室　内線： 当該箇所における責任者： ■③学外 施設名：オンライン調査 (Teams) 当該箇所における責任者：倫理　一郎 責任者の連絡先：rinrixxx@rinri.jp
5. 研究実施期間	開始：■①承認され次第 □②　年　月　日 終了：202x 年　3 月　31 日 ※複数の研究予算で実施する場合は最も長い期間を記入してください。
6. 研究責任者（申請者）	氏　名：倫理　一郎 所　属：○○学部 資　格：講師 連絡先：(内線) 1-23-4567 (e-mail) rinrixxx@rinri.jp ※複数の研究予算で実施する場合で代表者が異なる場合は統括責任者を一人に決めて記入してください。
7. 研究従事者	下表参照
8. 研究の意義・目的	ユーザインタフェース研究における○○○○○○○○○○○○○について明らかにする。

7. 研究従事者

氏名	所属	資格	研究分担
倫理　一郎	○○学部	講師	研究総括
倫理　次郎	○○工学部	4 年次	データ解析

※研究従事者として研究に参加する方を記入してください。
※学外者には氏名の前に☆印をつけてください。
※学生は資格欄に学年を記載してください。
※研究分担は分担内容が明確になるよう、できるだけ詳しく記載してください。
※操作資格が必要な機器の操作を担当される方はその旨を記載してください。

人を扱う研究倫理審査申請書関係書類一式（記入例）(4/16)

9. 社会への便益	1. 製品やサービスの増加 2. 研究者と市民の間のコミュニケーションが円滑になる 3. 学術研究の透明性の向上に繋がる
10. 研究成果の公表方法	国内会議、国際会議、学術論文誌にて公表
11. 研究資金	■学内　■①教員研究費等（大学運営費交付金由来の経費） □②その他（　　　　　　　　　　　　） ■学外　■③文部科学省科学研究費補助金 □④厚生労働省科学研究費補助金 □⑤その他の公的研究費（　　　　　　　　　　　　） □⑥企業等からの研究費（受託・共同研究） ※契約書または契約書（案）の写しを添付してください □⑦企業等からの寄付金 □⑧その他 □研究費は必要としない □その他（　　　　　　　　　　　　） ※複数の研究予算で実施する場合で該当するもの全てにチェックしてください。
12. 本研究計画と直接関連する企業等との関わり	※①以外をチェックした場合、項目13に回答してください。 ■①企業等との関わりはない □②受託研究として実施 委託元機関名： □③共同研究として実施 共同研究先機関名： ※②③をチェックした場合、契約書または契約書（案）の写しを添付してください。 □④その他（　　　　　　　　　　　　） ※複数の研究予算で実施する場合は、該当するもの全てをチェックし、各研究予算の内容については「研究の詳細」に記入してください。
13. 企業等との経済的利益関係	※項目12に記載した企業等との関係を記入してください。 ※複数の企業等との関係がある場合は、適宜項目をコピーして全てを記入してください。 I. 研究結果に影響を及ぼすと第三者が感じるかもしれない経済的利益関係の有無 ■①ない □②ある（以下を記入） ※自分自身は影響はないと判断していても、第三者が感じるかもしれないと思われる事項は記載してください。 （例：本研究に資金援助はなくても、研究で使用する資材等の販売会社から別途講演料や謝金を受け取っている、株式を持っている、など。） ※利益関係があること自体が悪いことではなく、開示することが重要です。以下に内容および研究結果を公正に保つための方策を具体的に記入してください。 ・経済的利益関係について： ・方策について： II. 対象者保護に影響を及ぼすと第三者が感じるかもしれない経済的利益関係の有無 ■①ない □②ある（以下を記入） ※対象者保護に影響を及ぼす可能性について考慮して記載してください。 ・経済的利益関係について： ・方策について：

人を扱う研究倫理審査申請書関係書類一式（記入例）(5/16)

II．人から収集する情報やデータ（以下、データ等という）について

<table>
<tr><td>14. データ等の項目</td><td>1. ユーザインタフェースに関して対象者が作成したレポート（写真や解説を含む）(以下、データ1)
2. 講義受講後の意識の変化を尋ねるための自由記述形式の質問紙(以下、データ2)</td></tr>
<tr><td>15. データ等の入手方法、収集方法</td><td>データ1については既存のデータを用い、データ2については新規にデータを収集する。

■既存のデータを用いる
□①外部の機関から匿名化されたデータ等を入手する
※入手する試料の情報が書かれた資料の写しを添付してください。
機関名：
[データ等についての書類や契約書　□あり　□なし]
■②その他（入手方法を具体的に記述してください。）
（インターネットに公開されているデータをダウンロードまたは閲覧して使用する。）
■新規に収集する
■③研究責任者が独自に収集する
■④学内の研究従事者が収集する
□⑤学外の研究従事者が収集する
⑥その他（入手方法を具体的に記述してください。）
(　　　　　　　　　　　　　　　　　　　　　　　　　　)
データ等の収集方法：[調査票の添付　　　□あり　■なし]
データ1：Webサイトのデータをダウンロードまたは閲覧
URL：https://xxxxx/yyyy_UI/
Webサイト管理者：氏名：倫理　一郎
所属：△△大学○○学部
データ2：△△大学で運用中のTeamsを通じて収集</td></tr>
<tr><td>16. 音声・画像等の記録</td><td>■①なし
□②あり</td></tr>
<tr><td>17. データ等の保管</td><td>※「研究期間中」と「研究終了後」それぞれについて記載してください。
※自宅での保管は不可です。研究責任者の管理が及ぶ場所に保管してください。
※保管場所はキャンパス名、部屋番号など具体的に記載してください。
※保管方法は保管する媒体名を記載してください。

研究期間中の保管場所：1号館○号室
保管方法：ネットワークから切り離されたハードディスク
研究終了後　■①ただちに廃棄する
□②　　　年　　月まで保管する
※②の場合は、以下に記入してください。
保管が必要な理由：
研究終了後の保管場所：
保管方法：</td></tr>
<tr><td>18. データ等の破棄</td><td>1. インターネットに公開されているため管理対象外
2. フォーマット後、ダミーデータを上書きすることで復元不可能な状態にする</td></tr>
</table>

人を扱う研究倫理審査申請書関係書類一式（記入例）(6/16)

III. 対象者（被験者・試料提供者）について

<table>
<tr><td>19. 対象者の属性</td><td>※性別、年齢層、属性毎の対象者数も記載してください。
対象者数：○名
性別：不問
年齢層：不問
□①未成年者が含まれる
■②本学に属する学生が含まれる
□③本学以外の学生が含まれる
□④同意能力が不十分な成年者が含まれる
本研究に①～④に該当する対象者の参加が必要不可欠な理由
△△大学○○学部で開講されているヒューマンインタフェースII の講義を受講者したものを対象とする必要がある。なぜならば、データ１を作成しているのが同講義の受講者であるためである。</td></tr>
<tr><td>20. 選定方針（選択基準および除外基準）</td><td>事前に調査の主旨を説明して、協力いただける方のみを対象とする。</td></tr>
<tr><td>21. 募集方法</td><td>※対象者募集の方法が明確となるよう、研究協力依頼状および募集要領の配布方法など具体的に記載してください。
※使用予定の依頼状や募集要領は全て提出してください。
※研究協力依頼先の概要がわかる資料を添付してください。
［研究協力依頼状の添付　□あり　■なし］
［募集要領の添付　□あり　■なし］
募集方法の詳細：呼びかけによる公募</td></tr>
<tr><td>22. 学生を対象者とする場合のチェック項目</td><td>□①学内外の不特定多数の学生に対する公募である
■②研究者の担当する科目について、研究への参加の有無が学業成績や単位取得に影響を与えない旨を募集要領に明記している
■③申請者と同じ研究室に所属する学生は含まれていない
■④上下関係によって研究への参加が強制的にならないよう十分に留意している
■⑤研究への参加を拒んでも、学業成績や単位取得に影響を与えない旨を説明文書に明記している
■⑥参加の同意書は、研究についての説明を十分におこなった後、日を改めて提出してもらう
□⑦その他の配慮（　　　　　　　　　　）</td></tr>
<tr><td>23. 参加によって対象者の受ける利益</td><td>※謝礼等は含みません。
■①対象者に直接的な利益は期待できない
□②対象者に直接的な利益が期待できる
具体的に：</td></tr>
</table>

人を扱う研究倫理審査申請書関係書類一式（記入例）(7/16)

24. データ収集に不可避的に伴う侵襲の有無およびデータ収集に伴って発生する可能性のある身体的・心理的・社会的リスク	Ⅰ．不可避的に伴う侵襲の有無 ■①不可避的な侵襲はない □②不可避的な侵襲がある 具体的に： ※侵襲の内容と発生する可能性の程度について根拠とともに具体的に記入してください。また、項目25に侵襲に対する対応策を具体的に記入してください。 Ⅱ．発生する可能性のある身体的・心理的・社会的リスク □①身体的・心理的・社会的リスクはない ■②身体的・心理的・社会的リスクが生じる 具体的に：データ1に関して写真や文章に不適切な引用が含まれる可能性がある。
25. リスクへの対応	■①侵襲やリスクに備えるための体制をとる 1. 実験協力の前に実験内容について詳細な説明を行う。 2. データ1は、引用元を明記し、必要に応じて引用元データの制作者の許諾をとり、著作権等の保護等に配慮を行う。 3. 許諾等が困難な場合は、解析から除外するとともに、該当するデータ1をwebページから削除するための手続も取る。 □②対象者に侵襲やリスクが生じ医療費などが発生した場合には、研究責任者あるいは研究実施代表者が補償する （具体的に：　　　　　　　　　　　　） □③対象者に侵襲やリスクが生じ医療費などが発生した場合には、関係する企業などが補償する ※企業等との契約書にその旨明記してください。 □④研究責任者あるいは研究実施代表者が民間の損害保険に加入している ※加入の際の契約書の写しおよび保険の概要がわかる資料を添付してください。 □⑤対象者に侵襲やリスクは発生しないため補償はしない。 □⑥その他 （具体的に：　　　　　　　　　　　　）
26. 研究開始後に対象者を除外する条件	※研究開始後に対象者を除外する条件を記載してください。対象者が同意を撤回する場合は含みません。
27. 謝礼	■①謝礼、交通費等は支払わない □②交通費等の実費を支払う □③謝礼を支払う（具体的に：　　　　　　） ※1時間あたりの金額や支払方法（現金、図書カードなど）を具体的に記入してください。

人を扱う研究倫理審査申請書関係書類一式（記入例）(8/16)

Ⅳ. インフォームド・コンセント（説明にもとづく同意）について

28. 手続きの方法	※手続きの方法が複数ある場合は属性ごとにどのような方法をとるか具体的に記入してください。 ■①対象者からインフォームド・コンセントを得る □②対象者および代諾者からインフォームド・コンセントを得る □③代諾者からインフォームド・コンセントを得る □④インフォームド・コンセントを得ないで研究を行う 理由： □⑤その他 具体的に： 同意確認の方法 □①文書への署名 ■②電磁的方法（電子メール、Web サイト上での確認ボタン等） □③口頭による同意を録音または録画 □④その他（　　　　　　　　　　　　　　　）
29. 代諾者による同意について	代諾者の選定方針： □①親族（　　　　　　　　　） □②法定代理人 □③その他（　　　　　　　　　）
30. 説明の方法	はじめに、②での説明を行う。その後、アンケートに答える際に電磁方式による説明を改めて読んでもらい同意を得る。 □①個別に文書を添えて口頭にて説明する ■②集団で文書を添えて口頭にて説明する □③文書の配布のみで口頭による説明はしない 理由： □④文書は配布せず口頭のみで説明をする 理由： ■⑤電磁的方法による説明のみを行う 理由：オンラインでの個別データ収集のため □⑥録音・録画された説明の再生により行う 理由： ※実験の都合上、事前のインフォームド・コンセントにおいて虚偽または一部のみの説明を行う場合は以下にチェックし、事後の説明方法について記入してください。 □事前説明では虚偽または一部のみの説明を行う 理由： 事後の説明方法：
31. 説明の実施者	■①研究責任者（申請者） □②申請者以外の者 氏名： 所属： 資格：

人を扱う研究倫理審査申請書関係書類一式（記入例）(9/16)

V．個人情報の保護について

32. 収集する個人情報	■①氏名 □②住所 □③電話番号・電子メールアドレス等 □④生年月日 □⑤その他 　具体的に： 個人情報の利用目的： データ１とデータ２を対応づけるために氏名を収集する
33. 匿名化	□①「連結不可能匿名化」を行う □②「連結可能匿名化」を行う ■③「連結可能匿名化」後「連結不可能匿名化」を行う □④匿名化しない 　理由： □⑤　個人情報を収集しない →①②③の場合以下を記入してください。 ※連結可能匿名化後に連結不可能匿名化する場合は、連結可能匿名化する時期と連結不可能匿名化する時期をそれぞれ記入してください。 ※連結不可能匿名化後は同意の撤回が不可能となります。 連結可能匿名化する時期：データ収集の完了時 連結不可能匿名化する時期：データの分析終了後 匿名化担当者　氏名：倫理　一郎 　　　　　　　所属：△△大学○○学部 対応表の管理方法： ■①外部と切り離されたコンピュータを使用して、外部記憶媒体に保存し、鍵をかけて厳重に保管する □②紙媒体に記録し、鍵をかけて厳重に保管する □③その他 　具体的に：

VI．その他

34. 特記事項	データ１は講義受講者の同意を得た上でインターネット上に公開され、かつ匿名化されており個人を特定できるような情報を含んでいないことを確認している。

人を扱う研究倫理審査申請書関係書類一式（記入例）(10/16)

別紙 2

※対象者の属性が複数ある場合は、属性ごと（高齢者向け、小学生向け、中学生向けなど）に説明文書を作成してください。また、内容はそれぞれの対象者にとってわかりやすい文章にしてください。

研究参加者への説明文書（案）

この研究について

1. 研究計画名：　ユーザインタフェース研究における××の評価

2. 研究の背景と目的

ユーザインタフェース分野おいて○○○○○○○○○の観点から改善点を明らかにすることを目的として研究を行います。

3. 研究の方法

本研究に参加されますと、あなたには 2 種類のデータをご提供いただくことになりますが、データ提供に際してあなたが特別に何かする必要はございません。
2 つ目はアンケートへの回答です。アンケートであなたにお尋ねすることは、○○によって身の回りのユーザインタフェースに対する意識に変化が現れたかどうかについてです。

4. 研究の場所と期間

この研究は、△△大学で運用中のオンラインコミュニケーションツール Teams において実施され、「研究の実施が承認された日」）から○年○月○日まで実施される予定です。

ただし、参加者の方に研究に参加していただくのは期間の一部であり、具体的にはアンケートへの回答に要する時間で、長くとも 10 分程度です。

5. 研究を実施する者

研究責任者：倫理 一郎
その他の研究従事者：倫理 次郎　○○学部　4 年次生

6. 研究に関する資料の開示について

あなたのご希望があれば、他の参加者の個人情報保護や研究の独創性の確保に支障がない範囲で、この研究の研究計画および研究方法についての資料を開示いたします。また、この研究に関するご質問がありましたらいつでも担当者にお尋ねください。

7. 研究への参加が任意であること

この研究への参加は任意となっております。本学学生の場合、研究への参加の有無が学業成績や単位取得に影響を与えることは一切ございませんのでご安心ください。

いったん参加に同意した場合でも、○年○月まで不利益を受けることなく同意を撤回することができます。別紙 5「同意撤回書」に署名して下記までお申し出ください。

その場合、提供していただいたデータや検体等は廃棄され、それ以降はそれらの情報が研究のために用いられることもありません。ただし、同意を撤回したときすでに研究成果が論文などで公表されていた場合や、データや検体等が完全に匿名化されて特定できない場合等、廃棄できないこともあります。

同意を撤回する場合の連絡先
倫理大学 倫理工学部 倫理工学科 情報システム・セキュリティコース
E-Mail：rinrixxxxx@rinri.jp

人を扱う研究倫理審査申請書関係書類一式（記入例）(11/16)

TEL: 01-234-5678
倫理 一郎

8. この研究への参加をお願いする理由

〇〇。以上の理由からあなたに参加をお願いいたします。

9. この研究へ参加する場合のリスクについて

この研究への参加に伴い、健康被害等の危険や、痛み等の不快な状態が生じる可能性はありません。ただし、あなたにご提供いただいた優れたユーザインタフェースの紹介文中に不適切な引用等が含まれている場合、社会的なリスクが生じる可能性があります。万が一そのような状況が発生した場合は、引用元を明記し、必要に応じて引用元データの制作者の許諾をとり、著作権等の保護等に配慮を行います。許諾等が困難な場合には、解析から除外するとともに、該当する紹介文をウェブページから削除するための手続を取ることといたします。

10. この研究への参加を中断する場合

この研究を開始した後に、予見できなかった事象が発生したり、発生の可能性が生じ、あなたに危害が加わりそうであると判断された場合、実験を中断したり、参加されないようにすることがあります。

※別紙 1（研究計画書）の項目 26 の内容に沿って、わかりやすい言葉で説明するようにしてください。

※実験の開始後、予見できなかった危害や有害事象が発生したり、発生が予見された場合、参加者から除外したり、実験を中断したりせざるを得ないことがあります。そのような場合の条件を予め参加者に開示しておいてください。

11. この研究への参加に伴う危害の可能性について

この研究に参加することによるあなたへの危害はありません。ただし、予期せぬ事象が生じた際には直ちに研究・実験を中止します。

※別紙 1（研究計画書）の項目 24, 25 の内容に沿って具体的に記載してください。

※危害を最小にするための措置、有害事象を予見・発見するための体制と適切に処置するための体制、参加者を除外したり実験を中断する場合の判断基準等についても、可能な限り具体的に記載してください。なお、何らかの事由によって参加者を除外したり実験を中断することが新たな有害事象を引き起こす場合には、その有害事象やそれを回避する手段についても記載してください。

- この研究への参加に伴い、健康被害等の危険や、痛み等の不快な状態、その他あなたに不利益となることが生じる可能性はありません。
- この研究への参加に伴い、健康被害等の危険が生じる可能性はありませんが、（具体的な不快な状態の内容や不利益の内容を記載）が生じる可能性があります。
- この研究への参加に伴い、（具体的な危険の内容を記載）の危険が生じる可能性があります。
- （上記に当てはまらない場合、具体的にわかりやすく記載してください）

12. 研究により期待される便益

この研究に参加することによって、あなたに直接的な便益はありませんが、研究成果は以下の点で、今後のヒューマンインタフェース研究の発展に寄与すると考えられます。

- 使いやすいユーザインタフェースを備えた製品やサービスの増加
- 研究者と市民の間のコミュニケーションが円滑になる
- 学術研究の透明性の向上に繋がる
- あなたが将来ユーザインタフェース設計をする際の手本としてデータを利用できる

13. 個人情報の取り扱い

調査によって得られたデータやあなたの個人情報（氏名）は、この研究を遂行するために必要な範囲においてのみ利用いたします。また、この研究のために研究従事者以外の者または機関にデータを提供する必要が生じた場合は改めてご承諾をお願いします。

人を扱う研究倫理審査申請書関係書類一式（記入例）(12/16)

あなたの個人情報やデータが記された資料は厳重に保管します。また、あなたの個人情報やデータをコンピュータに入力する場合は、情報漏れのない対策を十分に施したコンピュータを使用して、外部記憶媒体に記録させ、その外部記憶媒体は厳重に保管し、紛失、盗難などのないように管理します。

このように、個人情報の取り扱いには十分配慮し、外部に漏れないよう厳重に管理を行います。また、ご提出いただいた同意書は研究責任者の倫理 一郎が責任をもって保管します。

14. 研究終了後の対応と研究成果の公表

この研究の終了後、あなたのデータは、個人情報が外部に漏れないようにしたうえで廃棄します。また、この研究で得られた成果を専門の学会や学術雑誌などに発表する可能性がありますが、発表する場合は被験者の方のプライバシーに慎重に配慮しますので、個人を特定できる情報が公表されることはありません。

15. 研究のための費用

この研究にかかる費用は、法人運営研究費、文部科学省科学研究費補助金から支出されます。あなたが、この研究に必要な費用を負担することはありません。

16. 研究に伴う参加者の方への謝金等

謝礼や交通費などの支給がないことをご了承ください。

17. 知的財産権の帰属

この研究の成果により特許権等の知的財産権が生じる可能性がありますが、その権利はこの研究の責任機関である△△大学に属し、参加者の方には属しません。

問い合わせ先・苦情等の連絡先

研究計画の内容に関する問い合わせ先

倫理大学 倫理工学部 倫理工学科 情報システム・セキュリティコース
E-Mail：rinrixxxxx@rinri.jp
TEL: 01-234-5678
倫理 一郎

研究の倫理審査や苦情等に関する問合せ先

人を対象とする研究に関する倫理審査委員会
(○○学部事務課庶務係)：11-222-3456、shomu-t@xxxx.rinri.jp

以上の内容をよくお読みいただき、ご理解いただいたうえでこの研究に参加することに同意していただける場合は、別紙 3 の「研究参加への同意書」に署名し、日付を記入して担当者にお渡しください。

人を扱う研究倫理審査申請書関係書類一式（記入例）(13/16)

別紙 3

※本書式はひな型です。申請時には、研究責任者名と研究計画名を記入して、参加者の署名などは空欄のまま提出してください。
※研究計画が研究倫理委員会の承認を得た後で、「研究参加者への説明文書（別紙 2）」に沿って参加者への説明を行い、同意書に署名していただくようにしてください。
※「研究参加者への説明文書（別紙 2）」で項目を削除した場合は、同意書からもその項目を削除してください。
※代諾者からの同意を得ない場合は、代諾者用の同意書（別紙 4）の提出は不要です。
※保護者からの同意を得る場合は、「代諾者」を「保護者」に変更してください。
※映像、音声の公開に関する同意欄は、取得する情報にあわせて修正してください。

研究参加への同意書

研究責任者：△△大学 ○○学部 倫理 一郎　殿

研究計画名：ユーザインタフェース研究における××の評価

私は、「ユーザインタフェース研究における××の評価」について、説明文書に基づき、次の項目について詳しい説明を受け、十分理解し納得できましたので、研究に参加することに同意します。

1. 研究の背景と目的
2. 研究の方法
3. 研究の場所と期間
4. 研究を実施する者
5. 研究に関する資料の開示について
6. 研究への参加が任意であること（研究への参加は任意であり、参加しないことで不利益な対応を受けないこと。また、いつでも同意を撤回でき、撤回しても何ら不利益を受けないこと。）
7. この研究への参加を依頼された理由
8. この研究へ参加する場合のリスク
9. この研究への参加を中断する場合
10. この研究への参加に伴う危害の可能性について
11. 研究により期待される便益について
12. 個人情報の取り扱い（被験者のプライバシーの保護に最大限配慮すること）
13. 研究終了後の対応と研究成果の公表について
14. 研究のための費用
15. 研究の参加に伴う謝金等
16. 知的財産権の帰属
17. 問い合わせ先および苦情等の連絡先

なお、この研究において撮影された私の画像（静止画、動画）［または音声］の公開につきましては以下の□に√を入れて示しました。

□公開に同意しない
□研究者を対象とする学術目的に限り、下記の条件の下に同意する
　□顔部分など個人の特定可能な部分も含んでよい
　□顔部分や眼部などを消去する、ぼかすなど個人の特定不可能な状態に限る
　□その他（特にご希望があれば、以下にご記入ください）

これらの事項について確認したうえで、この研究に参加することに同意します。

年　月　日

参加者署名＿＿＿＿＿＿＿＿＿＿＿＿

本研究に関する説明を行い、自由意思による同意が得られたことを確認します。

説明担当者（所属、氏名）＿＿＿＿＿＿＿＿＿＿＿＿（自署）

人を扱う研究倫理審査申請書関係書類一式（記入例）(14/16)

別紙 4

研究参加への同意書（代諾者用）

△△大学 〇〇学部 倫理 一郎　殿

研究計画名：ユーザインタフェース研究における××の評価

私は、(　参加者名　) が参加する研究計画名「ユーザインタフェース研究における××の評価」に関する以下の事項について説明を受けました。
理解した項目については自分で□の中にレ印を入れて示しました。

□ 研究の背景と目的（説明文書　項目 2）
□ 研究の方法（説明文書　項目 3）
□ 研究の場所と期間（説明文書　項目 4）
□ 研究を実施する者（説明文書　項目 5）
□ 研究に関する資料の開示について（説明文書　項目 6）
□ 研究への参加が任意であること（研究への参加は任意であり、参加しないことで不利益な対応を受けないこと。また、いつでも同意を撤回でき、撤回しても何ら不利益を受けないこと。）（説明文書　項目 7）
□ この研究への参加を依頼された理由（説明書　項目 8）
□ この研究へ参加する場合のリスク（説明文書　項目 9）
□ この研究への参加を中断することになる条件（説明文書　10）
□ この研究への参加に伴う危害の可能性について（説明文書　項目 11）
□ 研究により期待される便益について（説明文書　項目 12）
□ 個人情報の取り扱い（被験者のプライバシーの保護に最大限配慮すること）（説明文書　13）
□ 研究終了後の対応と研究成果の公表について（説明文書　14）
□ 研究のための費用（説明文書　項目 15）
□ 研究の参加に伴う謝金等（説明書　項目 16）
□ 知的財産権の帰属（説明書　項目 17）
□ 問い合わせ先および苦情等の連絡先

なお、この研究において撮影された（　参加者名　）の画像（静止画、動画）［または音声］の公開につきましては以下の□に√を入れて示しました。
□公開に同意しない
□研究者を対象とする学術目的に限り、下記の条件の下に同意する
　□顔部分など個人の特定可能な部分も含んでよい
　□顔部分や眼部などを消去する、ぼかすなど個人の特定不可能な状態に限る
　□その他（特にご希望があれば、以下にご記入ください）

これらの事項について確認したうえで、(　参加者名　) がこの研究に参加することに同意します。

年　　月　　日

参加者署名＿＿＿＿＿＿＿＿＿＿＿＿＿＿

参加者との続柄

本研究に関する説明を行い、自由意思による同意が得られたことを確認します。

説明担当者（所属、氏名）＿＿＿＿＿＿＿＿＿＿＿＿＿＿（自署）

人を扱う研究倫理審査申請書関係書類一式（記入例）(15/16)

別紙5

同意撤回書

研究責任者：△△大学 ○○学部 倫理 一郎　殿

私は、「ユーザインタフェース研究における××の評価」の研究に参加することに同意し、同意書に署名しましたが、その同意を撤回することを

担当研究者

＿＿＿＿＿＿＿＿＿＿＿＿＿＿氏

に伝え、ここに同意撤回書を提出します。

年　　月　　日

参加者氏名（自署）：＿＿＿＿＿＿＿＿＿＿＿＿＿＿

(研究責任者)
本研究に関する同意撤回書を受領したことを証します。

氏　名（自署）：＿＿＿＿＿＿＿＿＿＿＿＿＿＿
所　属　　　　：

人を扱う研究倫理審査申請書関係書類一式（記入例）(16/16)

索引

著者紹介

福住 伸一 (ふくずみ しんいち)

国立研究開発法人理化学研究所革新知能統合研究センター 副チームリーダー
東京都立大学客員教授、公立千歳科学技術大学客員教授
1986年慶應義塾大大学院工学研究科修士課程修了。同年NEC入社。2018年4月より理化学研究所。東京大学情報学環客員研究員。工学博士（慶応義塾大学)、認定人間工学専門家、NPO人間中心設計推進機構認定人間中心設計専門家。
科学技術の社会受容性の研究、ヒューマンインタフェースの心理学的・生理学的研究および人間中心設計プロセス関連の研究開発に従事。日本人間工学会理事、人間工学専門家認定機構長、ヒューマンインタフェース学会理事・監事を歴任。
2008年より金沢工業大学感動デザイン研究所非常勤講師、2010年より首都大学東京（現東京都立大学）大学院システムデザイン専攻非常勤講師、2014年度はこだて未来大学客員教授。ISO TC159（人間工学）/SC4(HCI)国内委員会主査及び国際エキスパート。ISO/IEC JTC1/SC7（ソフトウェアエンジニアリング）Quality in Use 国際チーフエディタ。2020年よりISO TC159/SC4-ISO/IEC JTC1/SC7 Joint Working Group28 (Common Industry Format for usability)共同議長。2021年度経済産業省産業標準化事業経済産業大臣賞受賞。

西山 敏樹 (にしやま としき)

東京都市大学都市生活学部・大学院環境情報学研究科准教授
博士（政策・メディア）
1976年東京生まれ。慶應義塾大学総合政策学部社会経営コース卒業、慶應義塾大学大学院政策・メディア研究科後期博士課程修了。慶應義塾大学大学院政策・メディア研究科特別研究専任講師、慶應義塾大学医学部特任准教授、慶應義塾大学大学院システムデザイン・マネジメント研究科特任准教授等を経て現職。日本イノベーション融合学会理事長、ヒューマンインタフェース学会評議員なども務める。
専門領域は、ユニバーサルデザイン、モビリティデザイン、社会調査法等。交通用車輌の開発に関する大型プロジェクトを多数経験。ユニバーサルデザインにかかわる地域開発を多数手がけており、研究や実務の成果の表彰も18件にのぼる。

梶谷 勇 (かじたに いさむ)

国立研究開発法人産業技術総合研究所人間拡張研究センター主任研究員
1999年筑波大学大学院博士課程工学研究科修了。博士（工学)。
2000年電子技術総合研究所入所。組織改編を経て現職。
電動義手、福祉工学、介護ロボット等の開発、評価、社会実装等に関する研究に加え、国プロ等での開発事業者らの倫理審査申請支援やガイドライン作成の経験を経て工学領域での倫理審査に関する研究にも従事。

北村 尊義 (きたむら たかよし)

2015年京都大学大学院エネルギー科学研究科博士後期課程を指導認定退学。博士（エネルギー科学)。同年立命館大学情報理工学部助手、2019年同助教。2021年2月より香川大学創造工学部造形・メディアデザインコースに准教授として着任し、現在に至る。
ヒューマンインタフェース学会ではシンポジウムにて2013年、2014年、2015年、2018年の優秀プレゼンテーション賞を受賞しており、評議員、会誌編集委員、電子広報委員や研究会委員として活動している。研究実績は人の行動促進やコミュニケーション支援、楽器習得支援、観光支援、防災減災など幅広い領域にあり、研究方法としてはシステムデザインの提案とそのプロトタイピング評価が多い。
最近では人の心や行動を動かす場のデザインとその評価手法に関心を持ち、2022年には香

川大学医学部附属病院にて病院スタッフと来院者、入院者らとをつなぐイベント「空色ポストプロジェクト」を主催している。

◎本書スタッフ
編集長：石井 沙知
編集：石井 沙知
図表製作協力：安原 悦子
表紙デザイン：tplot.inc 中沢 岳志
技術開発・システム支援：インプレスR&D NextPublishingセンター

●本書は『事例で学ぶ 人を扱う工学研究の倫理　その研究、大丈夫？』（ISBN：9784764960480）にカバーをつけたものです。

●本書の内容についてのお問い合わせ先
近代科学社Digital　メール窓口
kdd-info@kindaikagaku.co.jp
件名に「『本書名』問い合わせ係」と明記してお送りください。
電話やFAX，郵便でのご質問にはお答えできません。返信までには，しばらくお時間をいただく場合があります。なお，本書の範囲を超えるご質問にはお答えしかねますので，あらかじめご了承ください。

●落丁・乱丁本はお手数ですが、(株) 近代科学社までお送りください。送料弊社負担にてお取り替えさせていただきます。但し、古書店で購入されたものについてはお取り替えできません。

事例で学ぶ 人を扱う工学研究の倫理

2023年8月11日　初版発行Ver.1.0

著　者　福住 伸一,西山 敏樹,梶谷 勇,北村 尊義
発行人　大塚 浩昭
発　行　近代科学社Digital
販　売　株式会社 近代科学社
〒101-0051
東京都千代田区神田神保町1丁目105番地
https://www.kindaikagaku.co.jp

印刷・製本　京葉流通倉庫株式会社
Printed in Japan

ISBN978-4-7649-0667-9